會做簡報
就會製作
跨平台App

Smart Apps Creator 3

超神開發術

關於文淵閣工作室

常常聽到很多讀者跟我們說：我就是看您們的書學會用電腦的。是的！這就是我們寫書的出發點和原動力，想讓每個讀者都能看我們的書跟上軟體的腳步，讓軟體不只是軟體，而是提昇個人效率的工具。

文淵閣工作室是一個致力於資訊圖書創作二十餘載的工作團隊，擅長用循序漸進、圖文並茂的寫法，介紹難懂的 IT 技術，並以範例帶領讀者學習程式開發的大小事。我們不賣弄深奧的專有名辭，奮力堅持吸收新知的態度，誠懇地與讀者分享在學習路上的點點滴滴，讓軟體成為每個人改善生活應用、提昇工作效率的工具。舉凡應用軟體、網頁互動、雲端運算、程式語法、App開發，都是我們專注的重點，衷心期待能盡我們的心力，幫助每一位讀者燃燒心中的小宇宙，用學習的成果在自己的領域裡發光發熱！我們期待自己能在每一本創作中注入快快樂樂的心情來分享，也期待讀者能在這樣的氛圍下快快樂樂的學習。

文淵閣工作室讀者服務資訊

如果您在閱讀本書時有任何的問題或是許多的心得要與所有人一起討論共享，歡迎光臨文淵閣工作室網站，或者使用電子郵件與我們聯絡。

■ 文淵閣工作室網站　http://www.e-happy.com.tw

■ 服務電子信箱　e-happy@e-happy.com.tw

■ Facebook 粉絲團　http://www.facebook.com/ehappytw

總 監 製：鄧文淵	責任編輯：黃信溢
監 　 督：李淑玲	執行編輯：熊文誠‧黃郁菁
行銷企劃：鄧君如‧黃信溢	張溫馨

數位文創 4.0「快、時、上」互動新媒體跨平台內容產製

數 位建設最重要的是人才培育,透過引進創新的技術與工具達到數位創新學習環境、強化數位教學及數位文創。

歷經 2 年研發,全新版本的 Smart Apps Creator 3 除了保留易上手的特點外,更新增了支援資料庫連結、HTML5 輸出與訊息發送,透過豐富的動畫與互動交互設計,用戶透過此工具可快速的製作出跨平台的互動數位內容,除了現有 iOS 與 Android 的 App 格式之外,新增的 HTML5 微網頁更擁有立即瀏覽之便利性,支援 Windows 的格式輸出亦可應用於觸控導覽機,搭配 SmartAppShow「愛普秀」平台服務,提供「快速、省時、上架」互動媒體製作最佳工具。

有人說華人世界很難再擁有國際品牌的工具軟體公司,我不相信也不妥協,Smart Apps Creator 陸續獲得國內外創新軟體獎項與評價並且已於台灣、香港、中國、新加坡、馬來西亞、印度、美國、以色列、杜拜及義大利等區域與國家導入於教學與零售市場,而每一位使用者的支持就是我們成長的一分力量。

感謝 "文淵閣編輯群" 幫 Smart Apps Creator 3 編寫了實用且精彩的教材,藉由豐富的資訊書籍撰寫經驗結合生動且實用的範例,深入淺出地引導讀者進入「行動數位互動自媒體 App+H5 設計」的精彩世界,讓食衣住行育樂都 SMART!

優思睿智科技 u-Smart Tech. 總經理

周昱志 Jason Chou

遊 樂產業一直是一個人力密集服務的產業,而西湖渡假村又是一個結合餐飲、住宿、會議與遊憩複合式的園區,尋求以便利的科技工具,提供消費者更新的互動體驗,與節省園內現有的人力服務成本,亦一直是我的難題之一。

然而過程中不乏接洽各類廠商規化與報價,但無論何種類型規劃,對公司皆為一筆支出為數不小的提案。偶然的機會下接觸了 Smart Apps Creator,竟發現園內資訊人員即可輕易自行設計撰寫,包含園內導覽 App、導覽機觸控程式...等。由於直覺化的操作模式淺而易懂,毫無接觸過的人也能輕易上手。不諱言,這即是一套中小企業極為合適的一套開發工具,而本書則可以作為 Smart Apps Creator 最好的學習書籍。

西湖渡假村 / 副總

吳國呈

記 得數年前，運用整合式開發環境 (IDE)，以 Java 語言，配合 Android 提供的開放式 App 元件碼，設計一套互動 App，是一件相當不容易的事情；然而，這一個原本只有程式專業人員可以跨越的藩籬，在 Smart Apps Creator (SAC) 軟體問世後，已被徹底打破，觀念完全翻轉。沒有程式背景的設計人員，也可以輕鬆上手，運用 SAC 製作出實用而有趣的 App，因此，設計人員可將大部份的心力，花在創意、實用性、教育性與趣味性的發想，而省去在技術細節花費的時間。

健行科技大學目前已有超過 50 位教師，接受了完整 SAC 的開發訓練，並獲得了「多媒體互動 App 設計師 - Interactive Multimedia Apps Design」國際認證教師資格，可以教導同學，運用 SAC 開發軟體，將多媒體作品以互動 App 的方式呈現出來。

本書詳細介紹 SAC V3.0 的功能，除了保有 V2.0 免程式碼、跨平台、圖像指令、互動設計，支援圖片、影片、聲音、動畫多媒體等特色之外，又增加了 HTML5 輸出、電話、地圖、資料列表、推播功能，非常適合導覽、行銷、資訊傳遞等應用，在互動 App 的開發能力上，更加便捷而有力。

健行科技大學 / 數位多媒體設計系主任

洪瑞文

隨 著行動智慧裝置的普遍化，人手一機隨時低頭瀏覽資訊的時代來臨。行動網頁、行動繪本等輕而小的應用程式 (App)，對上班、上學、跑業務等不停在移動的現代通勤族來說，利用通勤的空檔，隨時閱讀、瀏覽資訊，是相當實用且需要的。

Smart Apps Creator 是一套簡單易學的多媒體互動 App 製作工具，不用懂程式語言，而且圖形化介面設計，讓製作者的創意快速成型。如果，您是一位愛旅行、喜歡隨手拍的人，想要整理一本旅行地圖與相簿與人分享；或是一位蛋糕、點心的烘培師，想要為自己產品製作一份動人的行銷說明；或是一位喜歡用圖畫說故事的創作者，想讓繪本成為聲光互動的電子書，這都是一個容易上手的軟體，不分男女老少、專業或業餘，輕鬆讓自己從坐而行搖身一變成為行動的實踐者。

使用 Smart Apps Creator 的設計者可以在 App 中加入各種動畫效果、360/720度圖片場景、音效與音樂等多媒體元素，並可以與網頁鏈結，或加入互動遊戲、增加趣味。更棒的是，製作完成的檔案可以直接輸出 IPA/APK/EXE 格式，跨平台使用方便。若您考慮自己動手作 App，請隨著本書加 入 Smart Apps Creator 的創作行列。

中國科技大學 / 數位多媒體設計系副主任

李瑞翔

很榮幸能為 Smart Apps Creator 寫推薦序，由於現在環境發展的趨勢，促使產業轉型與新概念的誕生；跨領域結合、異業結盟、物聯網、大數據、社群等話題也因為新的環境而誕生，造就無數創新的可能性，新創團隊或跨業競爭者利用新的技術與方式不斷加入戰局，對既有的產業莫不造成各項挑戰與威脅。

若能善用新興數位科技，結合自身既有的知識，就有機會發揮無限的可能。此款Smart Apps Creator同時結合PC/iOS/Android行動系統應用的編輯軟體，對於使用者在於互動多媒體開發及互動教材等領域幫助甚大，此軟體支持iPad、iPhone、Android、Windows8、PC（exe）、智慧電視，觸控式螢幕等多硬體設備及平台，真正做到了一次編譯，多平臺發佈，軟體也展現出以下五大亮點：

1. 不須懂專業語法，操作易上手，功能近乎專業 App 編輯器。
2. 真正多媒體，完全互動。
3. 一次編輯，iOS / Android / Windows / 平台全支援。
4. 免平台，免上架，無生成數量限制，App 製作分享隨你意！
5. 即時真機測試，免上傳任何平台，60 秒即可看到 iPad App 成品。

Smart Apps Creator 是全球首家可同時開發 PC / iOS / Android 行動系統應用的編輯軟體，相信這個軟體與本書不僅能引領您入門，更能為日後的進階學習打下良好的基礎，在此祝福所有學習的朋友，並佩服 u-Smart Tech. 公司的研發功力。

勤益科技大學 / 智慧新媒體中心主任

陳湘湘

Smart Apps Creator 這套軟體是本人於 3 年前的暑假期間，在政府單位之人力機關進行 App 開發的講習課程時所採用之軟體。在當時的應用軟體市場上，想要找尋一套不用撰寫任何程式而且可以發佈成 3 種格式 App (apk、ipa、exe) 的開發軟體，實在是很一件很艱鉅的任務。

所幸，透過碁峰資訊之介紹取得知這套軟體的 1.0 試用版，並於講座課程上採用這套軟體來進行 App 的介紹與開發，本人發現這套軟體實在非常適合無任何程式基礎的一般人來進行多媒體 App 的開發。Smart Apps Creator 具備兩大優點：易用之操作介面 (如 PowerPoint 之操作界面) 以及跨平台之特性 (可發佈成 apk、ipa、exe)，也是因為這樣的特性，可以讓無程式能力的學員也可以開發出好玩的多媒體 App，並也贏得他們對課程教學上的好評。之後在本人所任教的課程內容中，針對毫無程式基礎的設計群學生也導入這套軟體的教學，教學的過程中可以讓學生感到高度的學習興趣，而且每位學生皆能夠開發出精彩的電子書 App 以及商品介紹之多媒體 App 等。

如今，Smart Apps Creator 這套軟體已經由 1.0 升級到 3.0，其功能也進化了不少，如：HTML5 微網頁之發佈、OpenData 開發平台的介接、愛普秀之雲端空間應用與跨社群平台推播應用 (QR-CODE、Facebook、LINE、微博、Google+、Twitter)、內建訊息推播之功能等等，這些功能都讓我感到耳目一新。在此 Smart Apps Creator 3.0 新書發佈之期，希望這套軟體能夠因為它簡單易用與跨平台特性，讓更多一般學生或民眾加以運用，以實現人人皆能開發 App 的行動數位社會，分享彼此的數位創意。

文藻外語大學 / 數位內容應用與管理系副教授

陳泰良

隨 著個人電腦的問世，人類得以由繁複的計算、搜尋等工作中釋放；隨著網際網路的連結，人類產生資訊的速度呈爆炸性的成長，而資訊也牽動著人類的每個決策。而智慧手機的普及，對人類的影響不僅涵括了前二者，更把人僅能從固定位置獲得訊息的束縛中解放。隨時可以與他人聯繫，也隨時可以獲得並處理資訊。讓智慧手機有智慧的是手機中的應用程式，即所謂 App。程式語言開展了電腦的應用，網頁設計豐富了信息內容。那麼甚麼能使 App 創新呢？Smart Apps Creator！

Smart Apps Creator 可以讓不會寫程式的人用熟悉易上手的介面完成 App，進入門檻低。但雖然不需撰寫程式語法，在設計 App 時仍須有明確的程式流程(邏輯)才能完成。透過 Smart APP Creators 所見及所得的操作方式，初學者也能快速地練習APP使用者介面 (user interface, UI) 與使用者經驗 (user experience, UX) 的設計。在 3.0 版中，產生的檔案除了 exe 與 apk 外，上能轉成 HTML 5，並可上傳發佈在 App Show (愛普秀) 平台，讓學習者能夠彼此觀摩。而新增的推播功能亦讓學習者除了在學習 App 設計外，更深一層地思考 App 獲利的商業模式。Smart Apps Creators 非常適合作為進入App 或軟體開發領域的敲門磚。因此，本校管理學院選擇 Smart Apps Creator 作為大一院核心共同必修課程的軟體，以做中學的方式帶領同學進入程式開發的領域，並培育同學資訊應用能力。

本書詳實地介紹 Smart Apps Creator 3.0 的各項功能，並利用多個整合專題實作演練，使學習者能逐一按步驟完成 App。所以，本書不論是作為課程教科書或自學教材均非常適合，在此誠摯推薦。

中華大學 / 運輸科技與物流管理學系主任

羅仕京

在 少子化的時代下，各校都在積極籌畫特色課程的內容，本校電子商務科預計發展App 程式開發課程，在程式開發上有其門檻，太過於艱澀的程式碼編撰會將學生的學習熱忱擊退，只有透過坊間開發有趣的 App 設計軟體讓學生學習。

利用 Smart Apps Creator 的視窗化的設計方式讓學生可以快速上手，尤其內建的模組軟體可以快速將照片與小型遊戲開發，讓學生能在 4 小時內呈現學習的效果，學生對於自己設計的 App 能在自己的手機上呈現是一件新奇的事情，學校教師也比較能接受Smart Apps Creator的操作介面，辦理教師研習後進行 App 課程也能夠輕鬆交給學生，提升課堂的學習效果，教師們紛紛表示只要能拿捏好熱點的互動操作，就可以做出各式的變化讓學生發揮創意。

坊間有許多 App 的開發軟體，Smart Apps Creator 較適合大眾化去操作與學習，精通過後即可以勝任各式手機軟體開發。而軟體的通病往往是使用後若沒有持續更新會成為落伍的軟體，在現代社會會成為馬上被淘汰的軟體，Smart Apps Creator 不斷的更新自家軟體供使用者操作，讓功能不斷更新充實軟體內容，增加教學的寬度與學習廣度，因此誠心的建議各位使用 Smart Apps Creator 與本書作為學生學習手機程式開發的第一套軟體與教材。

啟英高中 / 商管群科主任

許家銷

學習資源

為了確保您使用本書學習的完整效果，並能快速練習或觀看範例效果，本書在光碟中提供了許多相關的學習配套供讀者練習與參考。

光碟內容

1. **本書範例**：將各章範例的原始檔與完成檔依章節名稱放置各資料夾中。
2. **隨堂練習**：將各章隨堂練習中實作題的原始檔、資源檔及完成檔，依章節名稱放置各資料夾中。
3. **試用軟體**：Smart Apps Creator 3 中文試用版。

專屬網站資源

為了加強讀者服務，並持續更新書上相關的資訊的內容，我們特地提供了本系列叢書的相關網站資源，您可以由我們的文章列表中取得書本中的勘誤、更新或相關資訊消息，更歡迎您加入我們的粉絲團，讓所有資訊一次到位不漏接。

藏經閣專欄　http://blog.e-happy.com.tw/

程式特訓班粉絲團　https://www.facebook.com/eHappyTT

注意事項

本光碟內容是提供給讀者自我練習以及學校補教機構於教學時練習之用，版權分屬於文淵閣工作室與提供原始程式檔案的各公司所有，請勿複製本光碟做其他用途。

01 App 開發新選擇 [進入 Smart Apps Creator]

Smart Apps Creator 將 App 開發帶入新的領域，不需要長久學習，不需要程式設計，只要使用製作簡報的觀念與方式，即可完成跨平台的 App 開發。

02 數位繪本 App [尋找幸福的種子]

在 "尋找幸福的種子" 的範例中，從一個空白檔案開
始，進行啟動頁佈置、導入 PDF、插入目錄模版、
設定翻頁效果到按鈕、音樂與口白音效的加入，產
生一個能吸引眾人目光的互動式數位繪本。

03 數位學習 App [中文筆順練習]

在 "中文筆順練習" 的範例中，除了圖片、文字的基本佈置外，還有按鈕控制的加入、筆順動畫的呈現與互動效果的設定，為原本單調的中文學習增添趣味度。

04 景點導覽 App [蘭嶼微旅行]

在 "蘭嶼微旅行" 的範例中，結合了模版、氣泡文字、動畫、熱區、交互的設計，並插入網頁與音樂，最後加入 Google 地圖與手機撥號的功能，透過客製化的 App 提供獨一無二、量身打造的導覽體驗。

05 音樂實用 App [鋼琴練習曲]

"鋼琴練習曲" 範例是很常見的音樂類型 App，透過熱區的交互行為控制 GIF 圖片及音效的播放，搭配上圖片序列的樂譜，就可以輕鬆完成互動式鋼琴 App。

06 猜謎遊戲 App [一字千金]

在 "一字千金" 的範例中，透過幻燈片、熱區及交互行為的設計重點，製作一款有趣成語填充的遊戲，讓您更加瞭解每個成語的含意與應用。

07 益智互動 App [大家來找碴]

"大家來找碴" 屬於一款考驗眼力的益智遊戲，在二張相同的圖片上找出不同的差異點。在範例中加入計數器與倒數計時的技巧，為遊戲加入關卡的控制，都是在實作上相當重要功能。

08 科展教案 App [霧社血斑天牛]

在 "霧社血斑天牛" 的範例中,將大量結合精緻照片、說明文字,並且配合 App 特有的互動與效果,為一般科展教案增添更多引人入勝的內容。

09 資料應用 App [來去農村住一晚]

在 "來去農村住一晚" 的範例中，利用資料列表匯
入公家機關平台的開放資料，編輯完成後再生成
HTML 5 文件檔，上傳至免費網站空間，讓您不用
懂艱澀的程式語言，也能製作出色的專題。

1

學習主題

App 開發新選擇
進入 Smart Apps Creator

學習重點

認識 Smart Apps Creator
帳號啟動・基礎操作・環境介紹
Android、iOS 真機測試
生成 iOS、Android、EXE、Html 5

1.1 認識 Smart Apps Creator

Smart Apps Creator 將 App 開發帶入新的領域，不需要長久學習，不需要程式設計，只要使用製作簡報的觀念與方式，即可完成跨平台的 App 開發。

App 製作的新革命：Smart Apps Creator

因為行動設備的普及，App 的應用已經深入人類生活的每一個環節，也因此開發製作 App 的能力就越來越重要。過去在學習 iOS 或是 Android 的 App 開發，都需要長時間的訓練與投資，對於大多數人來說十分困難。Smart Apps Ceator 的出現為這個問題提出了不一樣的答案，也帶領開發者進入另一個境界。

Smart Apps Creator 是一套全新的 App 製作軟體，可以廣泛應用於數位書籍、行動學習、資訊導覽、互動遊戲...等 App 的製作，除了支援 iPad、iPhone 與 Android 等行動設備、智慧電視及觸控式螢幕之外，甚至還可以輸出成執行檔在 Windows 上執行或是 HTML 5 文件夾檔案，真正做到了 "一次製作，跨平台發佈"。

Smart Apps Creator 的開發特色

Smart Apps Creator 在 App 開發上擁有許多優於其他軟體的特點，其重點如下：

1. 不須學習程式語法，容易學習好上手，執行效果直逼專業級 App 編輯器。

2. 全中文的開發環境，並採用類似 Office 的操作介面，只要使用滑鼠拖曳操作，即可編輯素材內容與設定動畫效果。

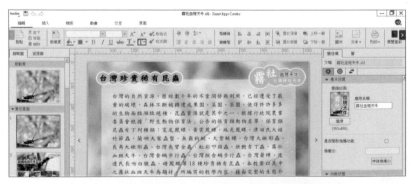

▲ 全中文的開發環境，並採用類似 Office 的操作介面。

3. 能輕易在頁面中插入文字、圖片、音樂、影片、PDF，甚至複雜的數學公式、方程式也輕而易舉。音樂、影片的格式支援也符合最新標準，除了能內嵌到 App 之中，也能外連到網路的來源。

▲ 輕鬆整合文字、圖片、音樂、影片、PDF... 等內容。

4. 動畫加入超簡單，並能為動畫自訂播放類型、次數、延時播放、持續時間。

5. 豐富的交互設置，除了加強作品的互動內容，更展現行動載具的行動特性。

▲ 使用動畫及交互的設定，為作品增添更多樂趣。

6. 透過模版功能的應用，可以快速加入文字圖片特效、360 度旋轉、連線測驗題、互動遊戲...等。

▲ 3D 畫廊模版　　　　　　　　　　▲ 360 度旋轉模版

7. App 作品可以一次編輯、跨平台輸出，iOS、Android、Windows 系統全支援，
   無生成數量限制。Android 及 Windows 輸出使用可以免平台、免上架，直接分
   享最方便，還可以將完成的作品輸出成為 HTML 5 文件。

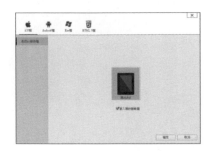 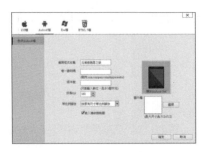

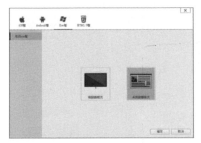 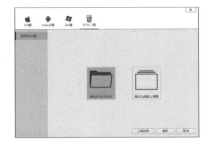

▲ 跨平台輸出，iOS、Android 或 Windows 系統支援，HTML 5 文件格式。

8. 即時真機測試，不用上傳、不必安裝，就能立即在 iPhone、iPad 或 Android 行
   動裝置上執行 App 成品。

◀ 即時真機測試功能，能將作
品直接連線到行動裝置上操
作執行。

1.2 啟動 Smart Apps Creator

Smart Apps Creator 安裝完成後，第一次執行時必須進行序號啟動，才能進行軟體全功能的使用。

首次執行 Smart Apps Creator

首次執行 Smart Apps Creator 時，會顯示提示畫面進行認證，您可以直接輸入購買產品時所提供的序號並輸入一組郵箱地址後，按 **啟動** 鈕，此時 Smart Apps Creator 會透過網際網路進行授權，序號無誤即可啟動成功進入程式。如果還沒有產品序號，也可以選按 **可以試用30天** 鈕，即可使用試用版的 Smart Apps Creator。

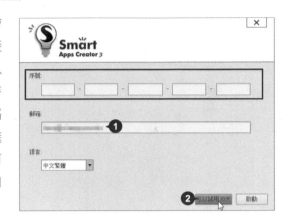

啟動 Smart Apps Creator 試用版為正式版

若是使用 Smart Apps Creator 試用版後才購買正式版的序號，可以於軟體左上角選按 **Smart \ 帳號資訊**，對話方塊中會顯示目前帳號還沒有啟動的訊息，按 **啟動** 鈕進入對話方塊，輸入購買的序號與一組電子郵件，再按 **啟動** 鈕完成認證。

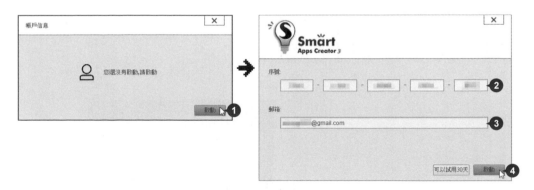

目前 Smart Apps Creator 3.0 試用版與正式版無異，只差在試用版有使用期限上的限制，另外 3.0 版本也可以向下相容之前舊版本，讓您一樣可以繼續編輯使用。

執行 Smart Apps Creator 帳號反啟動

Smart Apps Creator 的一個序號只准許授權安裝在一台電腦上，如果安裝後啟動的電腦需要重灌系統，或是想將啟動的 Smart Apps Creator 安裝到別台電腦上，都必須先執行帳號反啟動的動作。

若要執行帳號反啟動，請於軟體左上角選按 **Smart \ 帳號資訊** 開啟對話方塊，此時會顯示目前所使用的啟動碼，將它正確記下後按 **反啟動** 鈕即可完成。

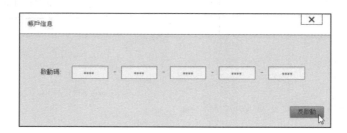

接著到另一台電腦安裝 Smart Apps Creator，在首次啟動時會顯示提示畫面進行認證，將這個序號重新輸入後再按 **啟動** 鈕即可。

取得官方資訊與幫助

若是在使用上有任何問題，於軟體左上角選按 **Smart \ 幫助** 即可開啟官方網站，獲得 Smart Apps Creator 軟體相關的最新消息、教材與更新。

1.3 Smart Apps Creator 基礎操作

在 Smart Apps Creator 軟體中，一開始將學習如何新增、儲存與開啟專案檔的基本操作。

新建文件

軟體開啟時，會出現如下的對話方塊，針對 iOS 與 Android 系統，分別提供了平板與手機模式，而每個模式都有 **橫版、豎版** 與 **橫豎混排** 三種版面，只要確定設備的類型，選擇想要建立的版面，然後按 **確定** 鈕就可以完成文件的新增。

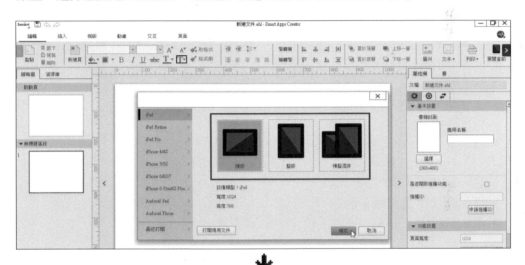

保存或另存文件

專案檔完成後，可以選按軟體左上角的 🖫 圖示進行儲存，如果尚未儲存時，則可以透過 **儲存** 對話方塊，設定儲存路徑及輸入檔案名稱，附檔名格式為 ".ahl"，再按 **存檔** 鈕即可。

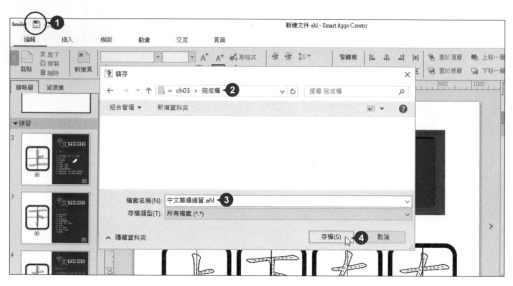

透過文件清單執行儲存動作

除了透過 🖫 圖示完成儲存動作，也可以於軟體左上角選按 **Smart** 開啟文件清單，其中選按 **保存** 一樣可以達到儲存目的；如果想要將目前的檔案另存成新的檔名時，則可以選按 **另存為** 開啟對話方塊進行設定。

清單中也提供 **新建** 文件動作

打開文件

如果想要開啟已存在的專案檔時，可以於軟體左上角選按 **Smart** 開啟文件清單，其中選按 **打開** 開啟對話方塊，選擇欲開啟的路徑與檔案，再按 **開啟** 鈕即可。

point

打開現有文件

在軟體一開啟或透過文件清單選按 **新建** 時，均可開啟如下對話方塊，只要選按 **打開現有文件** 鈕，一樣可以開啟已存在的專案檔。

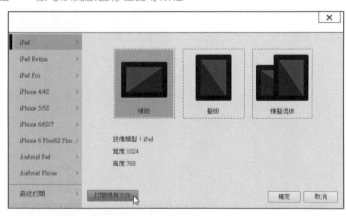

作品預覽

完成的頁面，如果想要預覽播放的效果，均可透過各個索引標籤內最右側的 **預覽當前** 鈕，即可在模擬器上看到該頁顯示的內容。

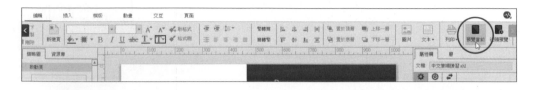

頁面上如果選按此鈕可切換回首頁　　　　　　　　　　選按此鈕可切換上一頁或下一頁

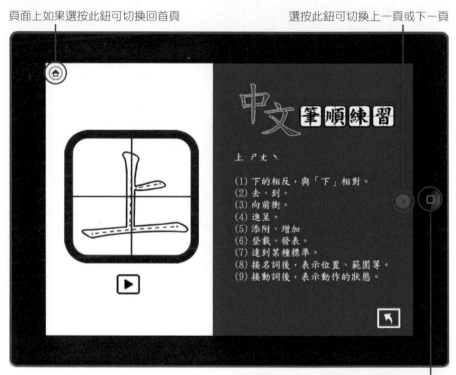

如果選按此鈕則是返回軟體的編輯畫面

編輯 索引標籤中另有 **從頭預覽** 鈕，當選按後，開啟的模擬器會從 "啟始頁" 開始進行預覽動作。

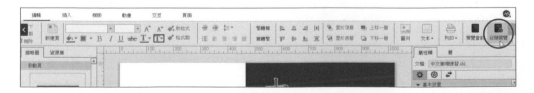

1.4 Smart Apps Creator 環境介紹

Smart Apps Creator 操作環境是由 編輯、插入、模版、動畫、交互 與 頁面 六個索引標籤所組成，這節便針對各個索引標籤所提供的 功能，與操作環境進行簡單介紹。

編輯索引標籤

編輯 索引標籤主要提供如：**複製**、**黏貼**、**字型**、**字型大小**、**段落對齊**、**繁簡轉換**、**排列**、**列印**...等功能設定。

插入索引標籤

插入 索引標籤主要提供如：**圖片**、**音頻** 或 **視頻**、**文本**、**公式**、**背景**、**PDF**、**計時器**、**計數器**、**資料列表**...等各類物件的插入。

模版索引標籤

模版 索引標籤主要提供如：**目錄**、**組合**、**圖文**、**文字**、**特效** 類型的模版，以解決動畫或交互行為無法表現的效果。

動畫索引標籤

動畫 索引標籤提供 17 種動畫樣式，除了 **高級動畫** 可以自訂動畫路徑，還可以針對動畫設定效果、狀態、次數與時間...等屬性。

交互索引標籤

交互 索引標籤可針對不同的物件，選擇觸發的事件，並進而決定其對應的動作。其中交互事件共有 21 種，而所對應的交互動作則共有 25 種。

頁面索引標籤

頁面 索引標籤主要提供如：**書本翻頁、對折翻頁、滑動翻頁、背景音樂、按鈕設置、HOME頁碼、啟動頁面時間、關閉導航、關閉手勢翻頁、導入頁面** 的功能設定。

縮略圖窗格

1. **啟動頁**：在 **縮略圖** 窗格中，**啟動頁** 是 App 在模擬器或行動裝置開啟時，第一眼看到的畫面，大部分會以片頭動畫或公司、產品 LOGO 為設計的方向。基本上該頁是無法刪除的，而該頁的持續時間則可以透過 **頁面** 索引標籤設定。

2. **節**：所謂的 **節**，即是預設顯示的 **無標題區段**，主要可以將專案檔的內容如資料夾般分類。在名稱上按一下滑鼠右鍵時，可以進行 **節** 的命名、複製、貼上、新增或刪除...等操作，另外按 ▼ 圖示可以隱藏節下方的內容，反之按 ▶ 圖示則是顯示。

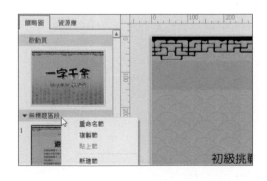
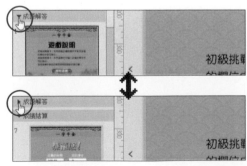

3. **頁**：在 **節** 底下的空白頁，即是專案檔案內容建置的地方，只要在頁面上按一下滑鼠右鍵，即可進行新增、複製、貼上或刪除...等操作，另外還可以透過拖曳方式移動頁面的排列順序。

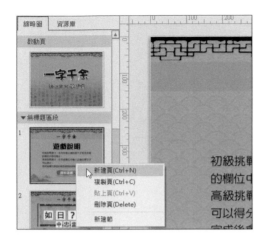 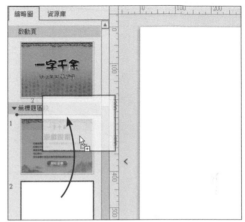

資源庫窗格

將專案檔內使用的圖片、音樂與視訊，透過 <圖片>、<音訊>、<視頻> 三個資料夾整理於此窗格，不但可以透過上方預覽窗格瀏覽素材外觀，還可以讓使用者直接拖曳素材進行使用，避免重覆載入素材增加 App 的檔案大小。

另外選按下方 🗑 **刪除** 圖示可以刪除選取的素材，選按 🔁 **替換** 圖示則是可以將目前選取的素材替換為其他素材。

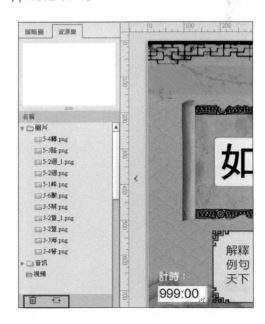

屬性欄窗格

1. ⚙ **基本設置**：針對選取的圖片、文字或其他物件，顯示相關的 **基本設置**、**功能設置**、**字元**、**段落**、**框架**...等項目，方便設定寬高、位置、行間距、字元或段落間距...等數值。

2. ⊗ **動畫設置**：針對選取的物件，顯示已套用的動畫清單，其中除了可以選按 ▶ 鈕瀏覽動畫效果，還可以設定 **瀏覽開始時播放動畫**、**整體動畫無限循環播放** 或 **整體動畫播放次數** 狀態。

3. ⇄ **交互設置**：針對選取的物件，顯示已套用的交互清單。

└此處顯示選取物件的檔案名稱

另外可以透過下方 🗑 圖示刪除不需要的動畫，而選按 ▲ 或 ▼ 圖示則可以調整動畫或交互行為的執行順序。

層窗格

這個窗格主要顯示專案檔內各個物件在頁面上的層次結構，可以選按 🔒 圖示鎖定物件，或是選按 👁 、 ■ 圖示隱藏或顯示物件。

一樣可以透過下方 🗑 圖示刪除不需要的物件，而選按 ▲ 或 ▼ 圖示則可調整物件的層次。

1.5 Android 設備真機測試

當作品完成，除了使用模擬器在電腦上進行預覽，最好的方式當然是可以直接在行動裝置上執行。Smart Apps Creator 提供了真機測試的功能，而且跨平台支援 iOS 與 Android 二種系統，十分方便。

進行真機測試的流程

在 iOS 或 Android 系統的行動裝置進行 Smart Apps Creator 真機測試的流程如下：

01 首先要確定電腦與行動裝置使用的是同一個區域網路，然後在 iOS 或 Android 的行動裝置上安裝 Smart Apps Creator 真機測試 App。

02 在電腦的 Smart Apps Creator 中開啟要測試的作品，接著執行真機測試的準備工作，最後產生連接的 IP 位址。

03 回到 iOS 或 Android 的行動裝置後，執行 Smart Apps Creator 真機測試的 App，使用電腦所產生的 IP 位址進行連接，即可將作品安裝在行動裝置上，選按後即可執行。

安裝 Android 版真機測試 App

在 Android 中安裝真機測試 App 與一般安裝方式相同，利用行動裝置開啟 Play 商店後，搜尋應用程式並安裝即可，可參照以下說明操作：

01 於行動裝置桌面點一下 ▶ **Play 商店** 開啟應用程式，在 Play 商店首頁上方搜尋欄位輸入關鍵字「smart apps creator」，再點一下 🔍 開始搜尋。

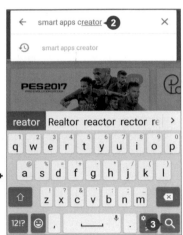

02 點一下 Smart Apps Creator 5.0 版本，再點一下 **安裝** 鈕，完成後，回到行動
裝置桌面即可看到 Smart Apps Creator 真機測試的 App 圖示。

使用 Android 設備進行真機測試

在 Android 中真機測試 App 安裝完畢後，即可進行真機測試：

01 在 Smart Apps Creator 中開啟作品完成檔，按視窗右上角的 🕑 **測試** 鈕開啟
對話方塊。

02 接著按 **準備測試** 鈕輸出作品，當畫面顯示 **準備完成** 即代表準備成功。這裡
要特別注意，請將視窗中顯示的測試位址記錄起來，因為等一下在連線時需
要使用。

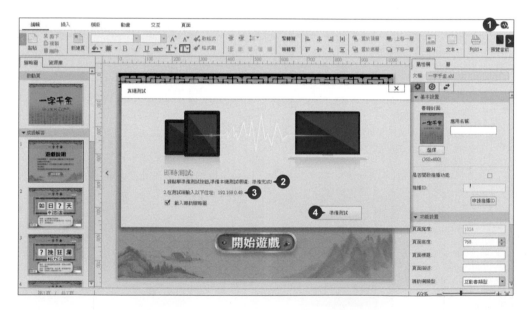

回到 Android 設備上開啟剛安裝的 App，點一下畫面右上角的 ⊕ 鈕開啟對話方塊，輸入連接位址後按 **確定** 鈕即開始下載安裝。

 下載安裝完成後，選按圖示即可開始執行。

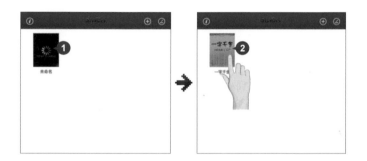

1.6 iOS 設備真機測試

除了能在 Android 設備上進行真機測試，Smart Apps Creator 也能在 iOS 設備上執行這個動作。對於想要開發跨平台 App 的人來說，實在是一大福音。

安裝 iOS 版真機測試 App

在 iOS 中安裝真機測試 App 與一般安裝方式相同，利用行動裝置開啟 App Store 後，搜尋應用程式並安裝即可，可參照以下說明操作：

01 於行動裝置桌面點一下 ⊕ **App Store** 開啟應用程式，在 **精選項目** 商店首面右側搜尋欄位輸入關鍵字「smart apps creator」，點一下 **Search** 鈕開始搜尋。

02 點一下 **取得** 鈕，再點一下 **安裝** 鈕，接著輸入 Apple ID 的密碼後，即會開始下載安裝，完成後點一下 **開啟** 鈕，即可開啟應用程式。

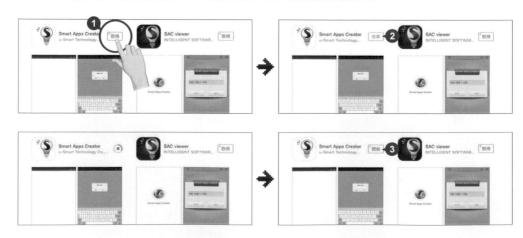

使用 iOS 設備進行真機測試

在 iPhone 或 iPad 中安裝真機測試 App 安裝完畢後，即可進行真機測試：

01 在 Smart Apps Creator 中開啟作品完成檔，按視窗右上角的 🔵 **測試** 鈕開啟對話方塊。

02 接著按 **準備測試** 鈕輸出作品，當畫面顯示 **準備完成** 即代表準備成功，請將視窗中顯示的測試位址記錄起來。

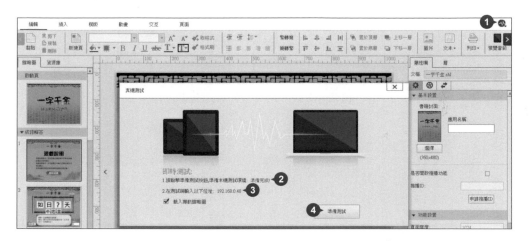

03 回到 iOS 設備上開啟剛安裝的 App，點一下畫面右上角的 ➕ 鈕開啟對話方塊，輸入連接位址後，按 **確定** 鈕即開始下載安裝。

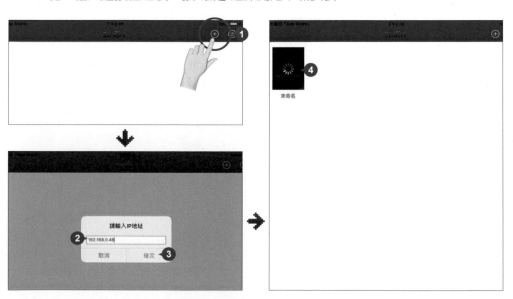

04 下載安裝完成後，選按圖示即可開始執行。

 point

Smart Apps Creator 真機測試 App 的管理

點一下右上角的 ⊘ 鈕會進入刪除模式，每個圖示右上角會顯示 ⊗ 刪除鈕，點一下下後，於對話方塊再點一下 **刪除** 鈕即可完成刪除的動作，完成再點一下 ⊘ 鈕即可解除刪除模式。

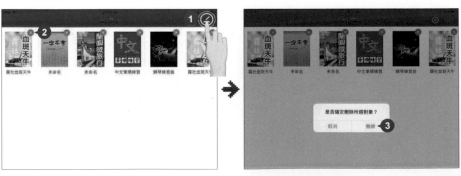

1.7 生成製作完成的作品

在 Smart Apps Creator 中完成了 App 的製作,也測試正常之後,即可發佈生成為 App 上架或是 Windows 的執行檔,另外也可生成為 HTML 5 文件格式,讓您有更廣泛的運用。

生成專題的注意事項

在 Smart Apps Creator 中完成專題製作後,可以生成 iOS、Android 的發佈安裝檔與 Windows 執行檔、HTML 5 文件格式,於按左上角的 **Smart** 鈕後,功能表中即有 **生成** 的功能。但是要注意的是:

1. iOS 所生成的發佈檔附檔名為 zip,Android 所生成的安裝檔附檔名為 apk。其中 iOS 的 zip 發佈檔若要上架還需經過其他軟體發佈成 ipa 檔,方可發佈至 App Store 商店中。

2. Windows 所生成的執行檔附檔名為 exe,可以放置在一般電腦上直接執行即可。

3. HTML 5 可生成為 HTML 文件夾與 zip 檔線上導覽,再上傳至 HTML 5 網站空間即可使用。

生成 iOS 檔

生成 iOS 的發佈檔方法如下:

開啟作品完成檔,於軟體左上角選按 **Smart \ 生成** 開啟對話方塊,選取 **ios 檔 \ 生成 ipa 發佈檔**,核選 **載入導航縮略圖**,再選按 **確定** 鈕。

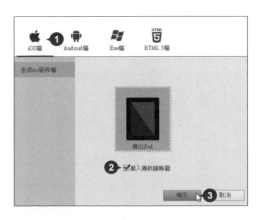

02 選擇合適的儲存位置後，按 **存檔** 鈕即可進行輸出，並完成的動作。

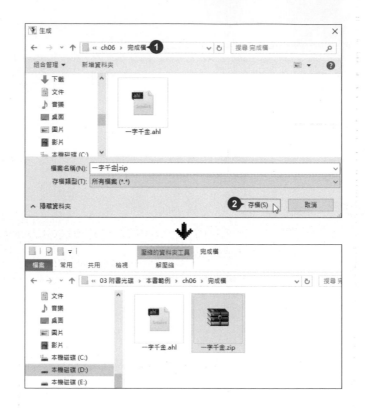

生成 Android 檔

Android 所生成檔案附檔名為 apk，除了可以直接安裝在 Android 的設備上之外，也可以上傳到 Google 商店中進行上架的動作，可以說是最方便的安裝檔，生成的方法如下：

01 於軟體左上角選按 **Smart \ 生成** 開啟對話方塊，選取 **Android 檔** 項目後，再選取 **生成 Android 檔**。首先輸入 **應用程式名稱** (可使用中文)，接著輸入 **唯一試別碼**，其格式為逆網域，如：com. ehappy.oneword (只能輸入英文字母與數字)，類似軟體的身份證。

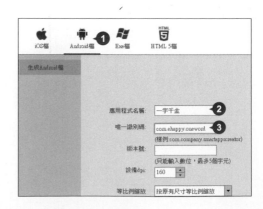

輸入 **版本號**，格式為 5 位數以內的數字，再按 **圖示檔** 旁的 **選擇** 鈕，選取本機的圖示。

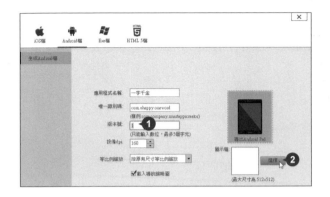

 於對話方塊中開啟要使用的圖片檔 (檔案格式為 PNG 檔，尺寸必須為 512 X 512 像素。)，按 **開啟** 鈕。

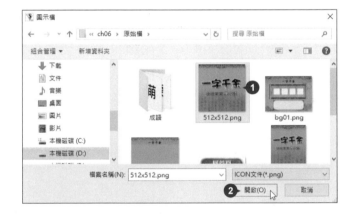

 設備 dip 採預設的數值即可，設定 **等比例縮放：按原有尺寸等比例縮放**，核選 **載入導航縮略圖**，選按 **確定** 鈕。

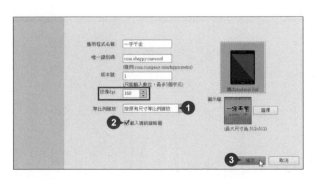

05 選擇存檔位置並設定檔名稱，最後按 **存檔** 鈕即可進行輸出並完成生成動作。

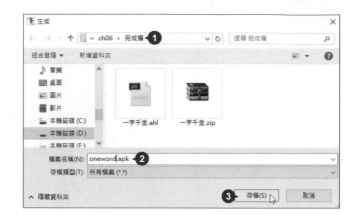

生成 EXE 檔

若想要在 Windows 的電腦或平板電腦上展示作品，可以使用生成 Exe 檔功能，除了不用複雜的安裝動作，也不需要使用手機傳輸，直接在 Windows 系統的電腦點按即可執行播放，相當方便。

01 於軟體左上角選按 **Smart \ 生成** 開啟對話方塊，選取 **Exe 檔** 項目後，再選取 **生成 exe 檔**。

02 選擇輸出為 **模擬器樣式** 或 **桌面窗體樣式**，選按 **確定** 鈕。

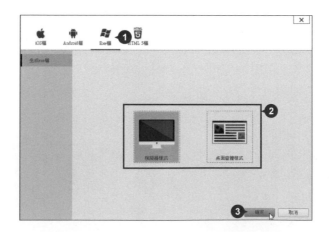

03 最後開啟儲存對話方塊,選擇存檔位置並設定檔名稱,最後按 **存檔** 鈕即可進行輸出,並完成生成動作。

―――point―――

模擬器樣式與桌面窗體樣式

在輸出 Windows 的 EXE 執行檔時,可以選擇輸出為 **模擬器樣式** 或 **桌面窗體樣式**,其執行時一個是展示的視窗外型是手機或平板電腦,另一個是展示的視窗外型是一般 Windows 的應用程式樣式。

▲ 模擬器樣式

▲ 桌面窗體樣式

生成 HTML 5 文件

HTML 5 是目前最新的網頁技術,將逐漸取代 HTML 4.01 和 XHTML 1.0,以期能在網際網路應用迅速發展的現今,使網路標準化達到現代的需求,不少 App 的應用也可以利用 HTML5 技術產生,如今您也可以利用 Smart Apps Creator 製作,生成的方法如下:

01 於軟體左上角選按 **Smart \ 生成** 開啟對話方塊，選取 **HTML 5 檔** 項目後，再選取 **生成 Html5 檔**。

02 選擇輸出為 **導出 HTML 文件夾** 或 **導出 Zip 檔線上瀏覽**，在此範例中選按 **導出 HTML 文件夾**，再選按 **確定** 鈕。

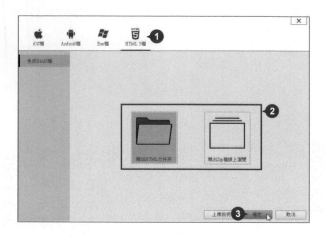

03 最後開啟 **儲存** 對話方塊，選按 **新增資料夾** 並設定資料夾名稱後，按 **選擇資料夾** 鈕即可進行輸出，並完成生成動作。

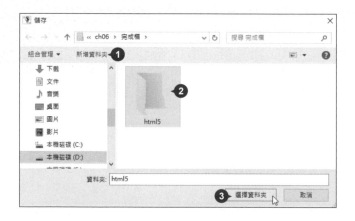

---

point

HTML 5 空間使用說明

如果想瞭解更多的 HTML 5 生成上傳的說明，瀏覽相關說明按 **上傳說明** 鈕，可連結至愛普秀官網。

隨堂練習

選擇題

1. (　　) 下列哪個項目是 Smart Apps Creator 的開發特色 (複選)？
   (A) 不須學習程式語法　(B) 全中文的開發環境
   (C) 可輕易插入PDF　　(D) 可快速加入動畫與交互行為

2. (　　) 下列哪個功能可以快速加入 360 度旋轉、連線測驗題及互動遊戲？
   (A) 動畫　(B) 模版　(C) 交互　(D) 圖片序列

3. (　　) Smart Apps Creator 的作品支援何種系統 (複選)？
   (A) Android　(B) Linux　(C) iOS　(D) Windows

4. (　　) 在新建文件時，可以選擇哪種版面 (複選)？
   (A) 橫版　(B) 豎版　(C) 橫豎混排　(D) 立版

5. (　　) 儲存 Smart Apps Creator 3 的檔案文件時的副檔名格式為？
   (A) exe　(B) ipa　(C) ahl　(D) apk

6. (　　) 在 Smart Apps Creator 中完成作品後要預覽整個完整的作品可以使用
   何種功能？
   (A) 預覽當前　(B) 按鈕設置　(C) 圖片　(D) 從頭預覽

7. (　　) 下列哪個功能是每個索引標籤中都有的功能？
   (A) 按鈕　(B) 背景音樂　(C) 預覽當前　(D) 圖片序列

8. (　　) 下列哪個功能可以將同單元的頁面整理在一起？
   (A) 節　(B) 頁　(C) 啟動頁　(D) 區段

9. (　　) Smart Apps Creator 提供了何種功能讓作品能連線到實機上測試？
   (A) 預覽當前　(B) 真機測試　(C) 交互行為　(D) 從頭預覽

10. (　　) 下列何者是 Smart Apps Creator 可以生成的檔案或文件格式 (複選)？
    (A) Android　(B) Linux　(C) iOS　(D) Windows

2

Chapter

學習主題

數位繪本 App
尋找幸福的種子

學習重點

匯入 PDF・頁面分節・目錄模版

頁面按鈕・頁面切換・導覽

背景音樂・說明頁製作

2.1 專案發想與規劃

在 "尋找幸福的種子" 範例中，從一個空白檔案開始，進行啟動頁佈置、導入 PDF、插入目錄模版、設定翻頁效果到按鈕、音樂與口白的加入，產生一個能吸引眾人目光的互動式數位繪本。

過去紙本創作繪本，除了圖案與故事的佈置外，最麻煩的就是裝訂成書。現在電子繪本的製作，只要有相關的文字、圖片、文件、音樂、口白...等電子檔，就可以變成豐富的有聲電子書，省去了印製上的問題，還可以用電子郵件寄給親朋好友。

這一個範例的設計重點是直接以 PDF 插入製作，再加上左右滑動式的互動目錄，讓目錄除了可以互動以外，還增加按下就會出現故事大綱的效果。在頁面的部分設計為一進入就開始讀故事，更在每個頁面都有朗讀鈕，讓故事可以重覆朗讀，另外有回到首頁鈕及上下頁鈕的設定，讓預設的物件修改後可以更符合故事的整體感。

2.2 建立新檔案

製作 App 檔案的第一步，就是依照行動裝置的類型來選擇正確的檔案版面尺寸。

在開啟軟體時，可以於顯示的對話方塊中選按 **iPad \ 橫版**，再按 **確定** 鈕就可以開啟指定尺寸的空白文件。

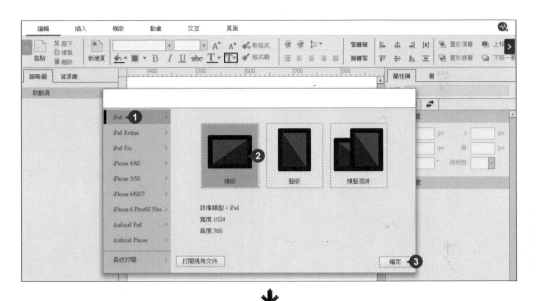

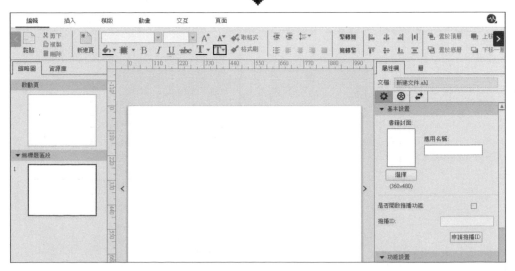

2.3 插入啟動頁圖片與變更播放時間

App 開啟的第一眼看到就是啟動頁，可以插入 jpg、png 及 gif 圖檔，還可以依照需求增加或縮短播放時間。

插入啟動頁圖片

首先於 **縮略圖** 窗格 \ **啟動頁** 節中選按空白頁面後，於 **插入** 索引標籤選按 **圖片**，在對話方塊中開啟本章範例原始檔 <coverpage.jpg> 插入啟動頁圖片。

縮短啟動頁播放時間

於 **頁面** 索引標籤設定 **啟動頁面時間：1 秒**，縮短啟動頁面的播放時間。

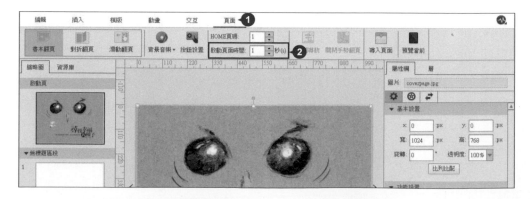

2.4 導入原生繪本 PDF

電子書愈來愈普及，讓閱讀不再侷限於平面的紙張，接下來先導入已製作好的繪本 PDF，再結合音訊，讓電子書增添趣味性。

導入原生 PDF

在 **縮略圖** 窗格 \ **無標題區段** 節中選按空白頁面，於 **插入** 索引標籤選按 **PDF**，在對話方塊中開啟本章範例原始檔 <尋找幸福的種子.pdf> 導入 PDF 檔案。

移動節位置

導入的繪本 PDF 圖檔會產生新的 **尋找幸福的種子** 節，接著把原有的 **無標題區段** 節移動到最後一頁做為說明頁面，這樣在進行下一個繪本連結的步驟時才不容易發生錯誤 。

在 **無標題區段** 節及 **尋找幸福的種子** 節名選按左側 ▼ 圖示收起頁面縮圖，於 **無標題區段** 節名上按滑鼠左鍵不放，拖曳到 **尋找幸福的種子** 節名下方，即完成搬移動作。

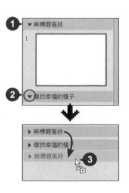

2.5 設定滑動式目錄模版及説明動畫

模版 已經具備了基本設計與外觀，只要將內容替換為符合作品的設計，再設定連結後就可以輕鬆完成。

插入新頁面

在 **縮略圖** 窗格 \ **啟動頁** 節中選按頁面後，於 **編輯** 索引標籤選按 **新建頁**，即可在 **尋找幸福的種子** 節中的第 1 頁前方新增空白頁面。

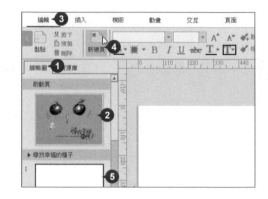

插入背景圖片

接著要為 **尋找幸福的種子** 節中空白頁面加入背景圖片，於 **插入** 索引標籤選按 **背景 \ 拉伸背景**，在對話方塊中開啟本章範例原始檔 <background.jpg>。

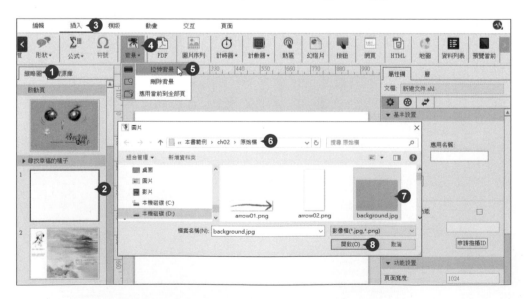

插入並變更橫向滑動目錄模版

01 於 **模版** 索引標籤選按 **目錄 \ 橫向滑動目錄** 插入模版，接著在 **屬性欄** 窗格 ✿ **\ 功能設置** 項目中，按 **模版設置** 鈕開啟對話方塊。

02 替換目錄模版中的預設圖片，其中每組的左側圖為一般狀態，右側圖為按下狀態，替換的順序為由左而右、由上而下。於第一組的左側圖右下角選按 ◢ **替換** 鈕，在對話方塊中替換圖片為本章範例原始檔 <menu01-up.jpg>。

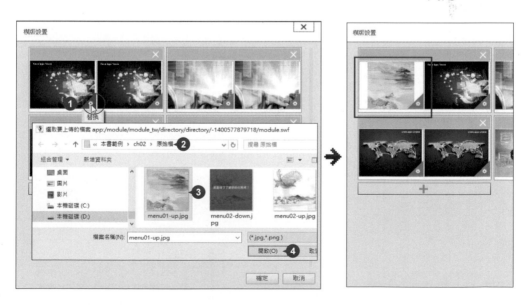

03 接著於第一組的右側圖右下角選按 ◢ **替換** 鈕，在對話方塊中替換圖片為本章範例原始檔 <menu01-down.jpg>。

04 參考右圖的標示，將剩下的三組圖片替換為本章範例原始圖檔。

<menu02-up.jpg>
<menu02-down.jpg>

<menu03-up.jpg>
<menu03-down.jpg>

<menu04-up.jpg>、<menu04-down.jpg>

05 由於共需要七組目錄，所以還需要新增另外三組。於下方按 ✚ 鈕於對話方塊中開啟本章範例原始檔 <menu05-up.jpg>，接著在此組右側圖右下角選按 ◢ **替換** 鈕替換圖片為 <menu05-down.jpg>；以相同的方法新增 <menu06-up.jpg>～<menu07-down.jpg> 二組目錄模版，最後按 **確定** 鈕完成模版圖片替換。

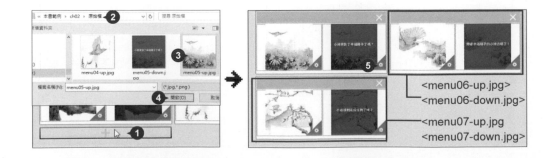

<menu06-up.jpg>
<menu06-down.jpg>

<menu07-up.jpg>
<menu07-down.jpg>

設定目錄與內容頁面的交互行為

完成目錄模版的圖片替換後，接著為每一個圖片設定交互行為，連結到相關的內容頁面。

01 首先選取目錄，於 **交互** 索引標籤 **事件** 項目選按 **觸摸子項時 \ 第一個圖片**，
對象 選按 **橫向滑動目錄**。

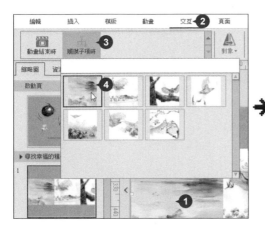 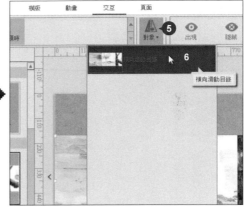

02 接著於 **動作** 項目選按 **跳轉**，在 **頁面跳轉** 對話方塊中選按 **橫向節：全部頁**
鈕，將滑鼠指標移至第二頁圖片右上角按 ⊕ 鈕，產生於 **所選擇的頁** 項目
中，最後按 **確定** 鈕完成第一個圖片的交互行為。

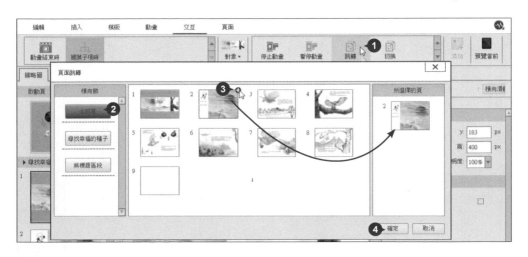

03 依照相同操作，完成目錄中其他六個圖片與頁面內容的交互行為。

於目錄插入圖片並調整透明度

01 在 **縮略圖** 窗格 \ **尋找幸福的種子** 節中選按第 1 頁,於 **插入** 索引標籤選按 **圖片**,在對話方塊中開啟本章範例原始檔 <bookname.png>。

02 插入圖片後,將滑鼠指標移到圖片上呈 ✛ 狀,按滑鼠左鍵不放,拖曳即可移動圖片到適合位置。

如果將滑鼠指標移到圖片四周控點上呈 ⤢ 狀,拖曳即可變更圖片大小。

03 接著要調整圖片的透明度,於 **屬性欄** 窗格 ⚙ \ **基本設置** 項目中,設定 **透明度:50%**。

04 依照相同操作,插入 <hand.png>、<arrow01.png> 圖片,調整大小及移動到合適的位置,同時將目錄模版稍微往下移動以方便在下個步驟插入文字。

從資源庫插入圖片並調整角度

插入圖片後可以於 **資源庫** 找到，重覆的圖片可以利用 **資源庫** 直接拖曳插入，避免再次插入圖片增加檔案的大小。

01 於 **資源庫** 窗格 \ **圖片** 資料夾，在 **arrow01.png** 圖片上按滑鼠左鍵不放，拖曳到編輯區再放開，這樣就會插入箭頭圖片了。

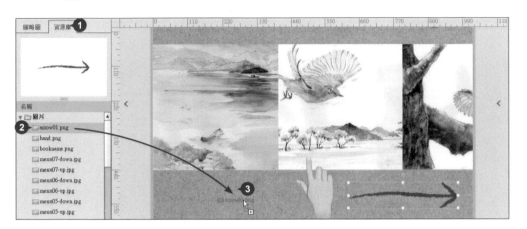

02 插入的箭頭圖片，除了調整位置及大小以外也要調整角度，才能符合圖片說明的需要。於 **屬性欄** 窗格 ⚙ \ **基本設置** 項目中，設定 **旋轉：180°**，依照相同步驟為 **hand.png** 圖片設定 **旋轉：-5°**。

插入操作說明並修改文字樣式

01 於 **插入** 索引標籤選按 **文本 \ 橫排文本框**，出現文字框後輸入「目 錄」文字 (中間二個半型空白)，再將滑鼠指標移到文字框上呈 ✛ 狀，按滑鼠左鍵不放拖曳到合適的位置。

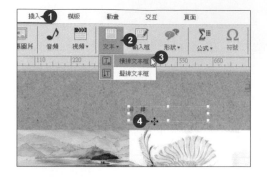

02 選取文字後，於 **編輯** 索引標籤設定字型與字型大小，避免文字被文字框檔住，再於 **屬性欄** 窗格 ⚙ \ **基本設置** 項目中，設定 **寬：161 px**、**高：65 px**，調整文字框高度。

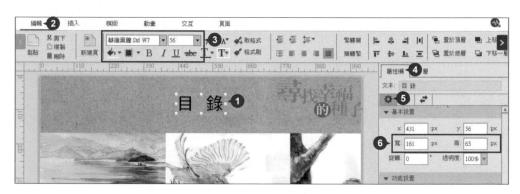

03 依照相同操作，在 "目 錄" 文字下方輸入「於目錄圖片上左右滑動可選按圖片直接跳頁」文字，設定合適的字型、字型大小、文字框的寬與高，並調整合適的位置。

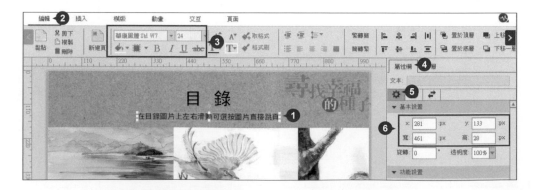

為文字加上動畫效果

01 選取 "目 錄" 文字框後，於 **動畫** 索引標籤選按 **浮入** 動畫，設定 **效果：上浮**，
然後選按 **添加**，即完成動畫套用。

02 依照相同操作，選取 "於目錄圖片
上左右滑動可選按圖片直接跳頁"
文字框，套用相同的 **浮入 \ 上浮**
動畫效果。

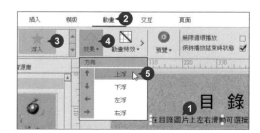

插入 question 按鈕與按下狀態

最後要在目錄頁左上角插入一個 "question" 按鈕，於 **插入** 索引標籤選按 **按鈕**，在
對話方塊中開啟本章範例原始檔 <icon-question-up.png>，並調整合適的大小與位
置，接著再於 **屬性欄** 窗格 ⚙ \ **功能設置** 項目中，選按 **按下狀態** 右側 **替換** 鈕，在
對話方塊中開啟本章範例原始檔 <icon-question-down.png>，完成目錄頁設計。

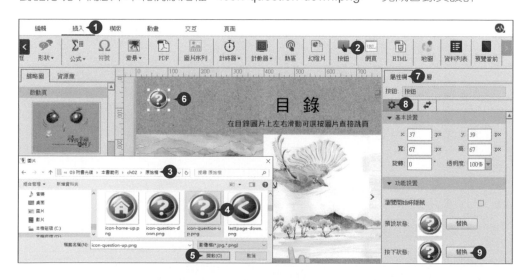

頁面設定

透過頁面的設定，為此範例加上翻頁的效果、調整按鈕大小及位置，在閱讀此繪本時，增添不一樣的趣味性。

為 PDF 設定翻頁方式

頁面 索引標籤中有 **書本翻頁**、**對折翻頁** 與 **滑動翻頁** 三種翻頁效果，在此我們希望 "尋找幸福的種子" 範例可以產生像翻書的感覺。

首先在 **縮略圖** 窗格 \ **尋找幸福的種子** 節中選按第 2 頁，接著於 **頁面** 索引標籤選按 **對折翻頁** 完成設定。

---

point

Android 所支援的翻頁效果

若是要在 Android 系統上設置翻頁效果，目前只有支援 **書本翻頁** 與 **滑動翻頁** 二種效果，**對摺翻頁** 無法進行運作。

關閉目錄頁導航與手勢翻頁

在此範例當中，我們希望目錄頁不要有翻頁效果與顯示導航按鈕，在此要關閉導航與手勢翻頁的設定。

在 **縮略圖** 窗格 \ **尋找幸福的種子** 節中選按第 1 頁，接著於 **頁面** 索引標籤先選按 **關閉手勢翻頁**，再選按 **關閉導航** 完成設定。

導航按鈕置換、變更大小及位置

頁面中會有預設的導航按鈕指引進行上一頁、下一頁、回首頁...等，若是想要更改樣式或位置，可以於 **按鈕設置** 對話方塊中進行設定。

 在 **縮略圖** 窗格 \ **尋找幸福的種子** 節中選按第 2 頁，接著於 **頁面** 索引標籤選按 **按鈕設置** 開啟對話方塊。

02 選取 ⊙ 圖案，於 **預設狀態** 右側按 **替換** 鈕，在對話方塊中開啟本章範例原始
檔 <lasttpage-up.png>，即可替換成自訂圖案。

03 在選取圖案狀態下，於 **選中狀態** 右側按 **替換** 鈕，對話方塊中開啟本章範例
原始檔 <lasttpage-down.png>，並調整合適的大小與位置即可。

04 依照相同操作，將 ⊙ 變更為
本章範例原始檔 <nextpage-
up.png> 與 <nextpage-down.
png>，並調整合適大小及位置。

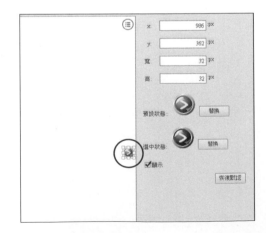

05 依照相同操作選取 ⌂ 按鈕，變更為本章範例原始檔 <icon-home-up.png> 與 <icon-home-down.png>，並調整合適大小及位置，再按 **確定** 鈕完成設定。

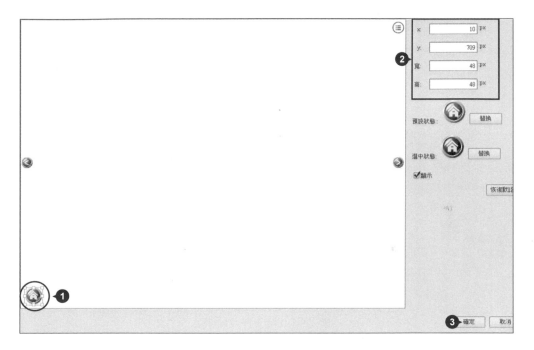

取消選單按鈕的顯示

按鈕變更完成後，接下來我們要隱藏選單按鈕的顯示。

在 **縮略圖** 窗格 \ **尋找幸福的種子** 節中選按第 2 頁，接著於 **頁面** 索引標籤選按 **按鈕設置** 開啟對話方塊，選取右上角 ⊜ 選單按鈕，取消核選 **顯示**，最後再按 **確定** 鈕即可。

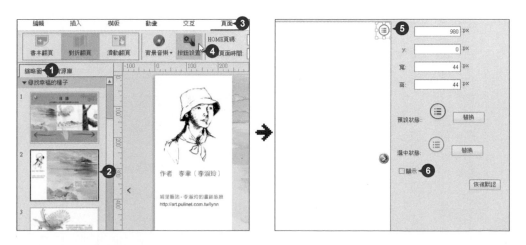

2.7 插入背景音樂與朗讀故事

繪本若是只有靜態的翻頁，較為平淡且無法吸引人，在此加入背景音樂與旁白，不但可以抓住眾人的目光，更可讓繪本創造出無限驚奇。

插入背景音樂

在 **縮略圖** 窗格 \ **尋找幸福的種子** 節中選按第 1 頁，於 **頁面** 索引標籤選按 **背景音樂** \ **添加背景音樂**，在對話方塊中開啟本章範例原始檔 <Music-background.mp3>。

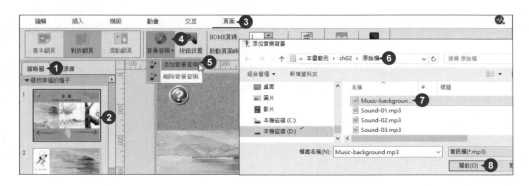

為每一頁繪本加上旁白音訊

旁白可以幫助觀看者進一步瞭解繪本的內容，在此已事先錄製好繪本中所需的旁白，接下來就要為每一頁繪本插入相關的旁白音訊。

在 **縮略圖** 窗格 \ **尋找幸福的種子** 節中選按第 2 頁，於 **插入** 索引標籤選按 **音頻**，在對話方塊中開啟本章範例原始檔 <Sound-01.mp3>。

瀏覽時開始播放與隱藏音訊圖示

在播放旁白的時候，希望音訊圖示不要顯示，再來希望瀏覽此頁繪本時，可以直接播放旁白。

01 選取 **Sound-01.mp3**，將滑鼠指標移到音訊圖示上呈 ✛ 狀，按滑鼠左鍵不放拖曳至編輯區外的位置。接著於 **屬性欄** 窗格 ⚙ \ **功能設置** 項目中，核選 **瀏覽開始時隱藏** 與 **瀏覽開始時播放音訊** 完成設定。

02 依照相同操作，參考下表的設定，於 **縮略圖** 窗格 \ **尋找幸福的種子** 節中第 3 頁 ~ 第 8 頁，插入另外六個音訊圖示並設定瀏覽時的方式。

頁數	音訊	功能設置
尋找幸福的種子 節中第 3 頁	Sound-02.mp3	瀏覽開始時隱藏、瀏覽開始時播放音訊
尋找幸福的種子 節中第 4 頁	Sound-03.mp3	瀏覽開始時隱藏、瀏覽開始時播放音訊
尋找幸福的種子 節中第 5 頁	Sound-04.mp3	瀏覽開始時隱藏、瀏覽開始時播放音訊
尋找幸福的種子 節中第 6 頁	Sound-05.mp3	瀏覽開始時隱藏、瀏覽開始時播放音訊
尋找幸福的種子 節中第 7 頁	Sound-06.mp3	瀏覽開始時隱藏、瀏覽開始時播放音訊
尋找幸福的種子 節中第 8 頁	Sound-07.mp3	瀏覽開始時隱藏、瀏覽開始時播放音訊

插入聲音按鈕與變更按鈕按下狀態

接下來要插入聲音按鈕，當您想要再聽一次繪本內容時，可以點一下進行播放。

01 在 **縮略圖** 窗格 \ **尋找幸福的種子** 節中選按第 2 頁，於 **插入** 索引標籤選按 **按鈕**，在對話方塊中開啟本章範例原始檔 <sound-up.png>。

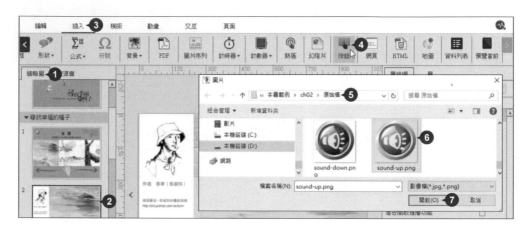

02 調整按鈕大小後，將滑鼠指標移到聲音按鈕上呈 ✛ 狀，按滑鼠左鍵不放拖曳至頁面左下角，接著再於 **屬性欄** 窗格 ⚙ \ **功能設置** 項目中，選按 **按下狀態** 右側 **替換** 鈕，在對話方塊中開啟本章範例原始檔 <sound-down.png>。

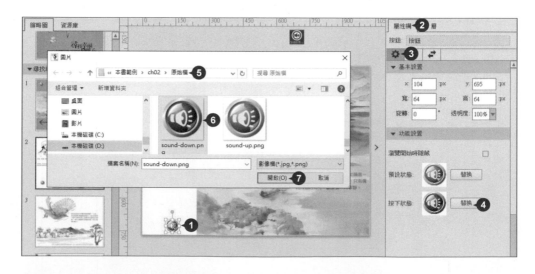

03 選取按鈕後，利用 **複製**、**黏貼** 的動作，為 "尋找幸福的種子" 節中的第 3 頁~第 8 頁佈置相同的按鈕。

設定聲音按鈕的交互連結

將聲音按鈕替換之後,接著為按鈕設定交互行為,連結到相關的內容頁面。

01 在 **縮略圖** 窗格 \ **尋找幸福的種子** 節中選按第 2 頁,首先選取聲音按鈕,於 **交互** 索引標籤 **事件** 項目選按 **觸摸時**,**對象** 選按 **Sound-01.mp3**。

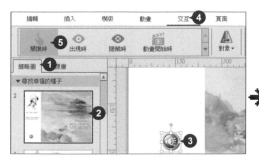 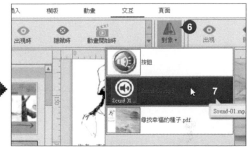

02 接著於 **動作** 項目選按 **播放**,再選按 **添加**,於 **屬性欄** 窗格 ⇄ \ **交互設置** 項目中會建立第一個聲音按鈕交互行為。

03 參考下表進行相同操作,於 **縮略圖** 窗格 \ **尋找幸福的種子** 節中第 3 頁 ~ 第 8 頁,為其他六個聲音按鈕建立交互行為。

頁數	事件	對象	動作
尋找幸福的種子 節中第 3 頁	觸摸時	Sound-02.mp3	播放
尋找幸福的種子 節中第 4 頁	觸摸時	Sound-03.mp3	播放
尋找幸福的種子 節中第 5 頁	觸摸時	Sound-04.mp3	播放
尋找幸福的種子 節中第 6 頁	觸摸時	Sound-05.mp3	播放
尋找幸福的種子 節中第 7 頁	觸摸時	Sound-06.mp3	播放
尋找幸福的種子 節中第 8 頁	觸摸時	Sound-07.mp3	播放

2.8 說明頁的製作

在繪本中加入一頁說明頁，藉由說明頁的指引，介紹繪本中的按鈕功能與操作方式。

重新命名節

在製作前要先為節名稱重新命名，以便進行連結。在 **縮略圖** 窗格 \ **無標題區段** 節上按一下滑鼠右鍵選按 **重命名節**，在對話方塊中輸入 **說明頁**，按 **確定** 鈕完成設定。

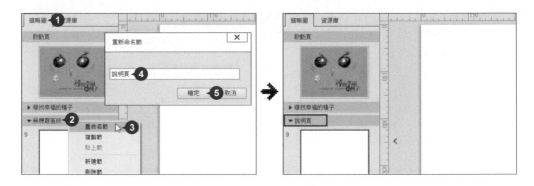

插入黑色圖片調整透明度

說明頁希望以黑色半透明的狀態，讓說明按鈕與文字能更加突顯。

01 在 **縮略圖** 窗格 \ **說明頁** 節中選按空白頁面後，於 **插入** 索引標籤選按 **圖片**，在對話方塊中開啟本章範例原始檔 <mask.png>。

02 於 **屬性欄** 窗格 ⚙ \ **基本設置**
項目中設定 **透明度：50%**。

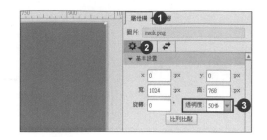

佈置已有的圖片及按鈕

01 於 **資源庫** 窗格 \ **圖片** 資料夾，在 **尋找幸福的種子2@2xpdf.png** 圖片上按滑
鼠左鍵不放拖曳到編輯區再放開。

02 接下來要將此圖移至黑色圖片下方，在選取 **尋找幸福的種子2@2xpdf.png** 圖
片狀態下，於 **編輯** 索引標籤選按 **置於底層**，再選按 ⊞ **水平居中對齊**、⊟ **垂
直居中對齊**，即可將圖片擺放至正中央的位置。

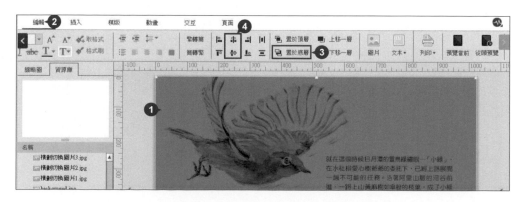

03 參考下圖，將四個按鈕分別佈置在說明頁當中，並調整合適的位置與大小。(若是在 **資源庫** 窗格中找不到相關按鈕，可以於 **插入** 索引標籤選按 **圖片** 進行插入)。

lasttpage-up.png

nextpage-up.png

icon-home-up.png

sound-up.png

插入箭頭與文字標示

01 於 **插入** 索引標籤選按 **圖片**，在對話方塊中開啟本章範例原始檔 <arrow02.png>。

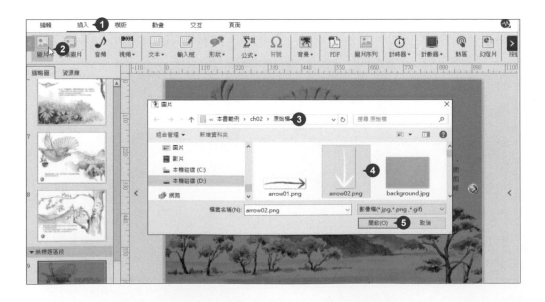

02 接著要調整箭頭圖片的角度，於 **屬性欄** 窗格 ⚙ \ **基本設置** 項目中，設定 **旋轉：90°**，並調整合適的大小與如圖位置。

03 參考下圖，於 **資料庫** 窗格 \ **圖片** 資料夾中再拖曳三個箭頭圖示，並調整合適的位置、大小與角度。

設定合適的大小、位置、
旋轉：-90°

設定合適的大小、位置、
旋轉：10°　　設定合適的大小、位置、
旋轉：37°

04 於 **插入** 索引標籤選按 **文本** \ **橫排文本框**，出現文字框。

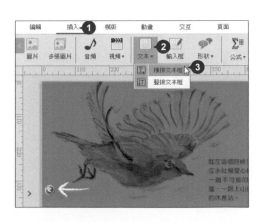

05 輸入「上一頁」文字，再將滑鼠指標移到文字框上呈 ✛ 狀，按滑鼠左鍵不放拖曳至如圖位置擺放，再於 **編輯** 索引標籤設定字體、字體顏色與大小。

06 利用 **複製** 與 **黏貼** 功能建立另外三個文字框，並分別更換文字為「下一頁」、「回目錄」、「故事朗讀」文字，再將滑鼠指標移到文字框上呈 ✛ 狀，按滑鼠左鍵不放拖曳如圖位置擺放。

07 最後再利用 **複製** 與 **黏貼** 功能建立一個文字框，並更換文字為「操作說明」。選取文字後，於 **編輯** 索引標籤設定字體與大小，避免文字被文字框檔住，再於 **屬性欄** 窗格 ✿ \ **基本設置** 項目中，設定 **寬：228 px**、**高：68 px** 與位置。

設定目錄說明鈕與說明頁交互行為

當 "說明頁" 元素佈置完成後，接下來要在 "目錄頁" 說明鈕上設定：選按說明鈕後，會切換到說明頁。

01 選按 **說明頁** 節中黑色圖片，於 **交互** 索引標籤 **事件** 項目選按 **觸摸時**，對象選按 **mask.png**，動作 項目選按 **切換**。

02 於 **頁面切換** 對話方塊中選按 **橫向節：全部頁**，將滑鼠指標移至第一頁圖片右上角按 ➕ 鈕，將第一頁增加為作用的頁面，按 **確定** 鈕建立交互行為。

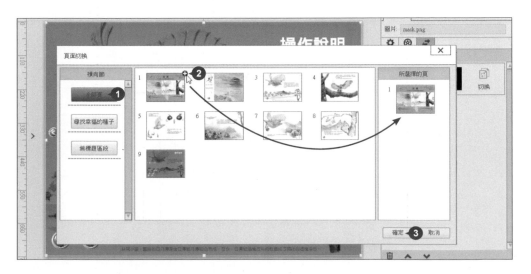

03 接下來要設定目錄頁說明鈕的交互行為，在 **縮略圖** 窗格 \ **尋找幸福的種子** 節中選按第 **1** 頁，選取左上角說明鈕，於 **交互** 索引標籤 **事件** 項目選按 **觸摸時**，**對象** 選按 **按鈕**，**動作** 項目選按 **切換**。

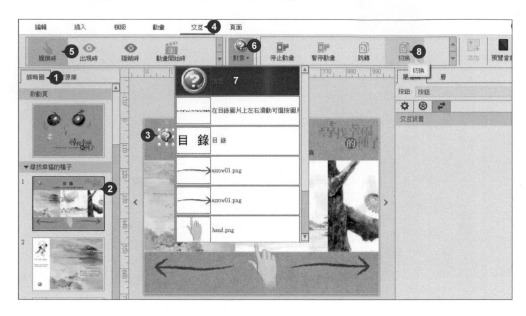

04 於 **頁面切換** 對話方塊中按 **橫向節：全部頁**，將滑鼠指標移至第九頁圖片右上角按 ➕ 鈕，將第九頁 (說明頁) 產生於 **所選擇的頁** 項目中，按 **確定** 鈕建立交互行為。

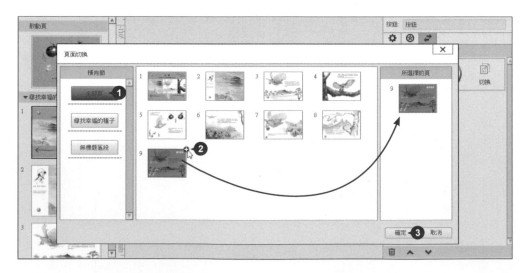

關閉說明頁導航

在此範例中,希望說明頁不要顯示導航按鈕,在此要關閉導航的設定。

首先在 **縮略圖** 窗格 \ **說明頁** 節中選按頁面後,於 **頁面** 索引標籤選按 **關閉手勢翻頁**
與 **關閉導航** 完成此範例的設計。

將繪本作品存檔

最後要將辛苦完成的作品進行儲存的動作。

於左上角選按 **Smart** \ **保存**,在開啟對話方塊設定檔案儲存位置與檔案名稱,完成
後按 **存檔** 鈕完成設定。

隨堂練習

選擇題

1. (　) 於 **插入** 索引標籤選按何項功能，可以導入 PDF 檔案？
   (A) 文本 \ 橫排文本框　(B) 背景 \ 應用當前到全部頁
   (C) 幻燈片　　　　　　(D) PDF \ 原生 PDF

2. (　) 調整文字框寬與高，於 **屬性欄** 窗格中選按何處進行調整？
   (A) ⚙ 基本設置　(B) ⊗ 動畫設置　(C) ⇄ 交互設置　(D) 以上皆非

3. (　) 如果為頁面設定翻頁效果，可於哪個索引標籤進行設定？
   (A) 插入　(B) 頁面　(C) 模版　(D) 交互

4. (　) 要調整導航按鈕，可以選按何種功能？
   (A) **插入** 索引標籤 \ **按鈕**　(B) **頁面** 索引標籤 \ **按鈕設置**
   (C) **編輯** 索引標籤 \ **圖片**　(D) **插入** 索引標籤 \ **形狀**

5. (　) 如果為作品插入背景音樂，可於哪個索引標籤進行設定？
   (A) 插入　(B) 編輯　(C) 頁面　(D) 交互

實作題

請依下述提示完成作品："北海道鶴居之旅"。

1. 導入 <北海道鶴居之旅.pdf> 檔案，再刪除 **無標題區段** 節與頁。

2. 新增目錄頁並加入 <background.jpg> 背景圖片，再插入 **橫向滑動目錄** 模版，於 **模版設置** 對話方塊中置換內頁對應圖片 <menu-01-up.jpg>~<menu-04-down.jpg>，並輸入「目錄」與操作說明文字。

3. 於目錄頁設定交互行為：為每一張圖片設定交互行為連結到相關的內容頁面。

4. 設定對折翻頁以及插入 <Music-background.mp3> 背景音樂，設定封面為 <bookcover.png>。

3

Chapter

學習主題

數位學習 App
中文筆順練習

學習重點

插入圖片・資源庫
橫排文本框・按鈕
替換・動畫・交互

3.1 專案發想與規劃

在 "中文筆順練習" 的範例中,除了圖片、文字的基本佈置外,還有按鈕控制的加入、筆順動畫的呈現與互動效果的設定,為原本單調的中文學習增添趣味。

在資訊科技時代,定點、定時的傳統學習方式,已經逐漸轉變成利用網際網路、電腦、廣播、光碟、行動裝置...等數位媒體來達到學習目標。就連以前在課堂上跟著老師一筆一劃學習生字的動作,如今也可以透過這款 Smart Apps Creator 軟體,製作出生動的筆順教學 App,讓大家都能隨時隨地體驗中文學習樂趣。

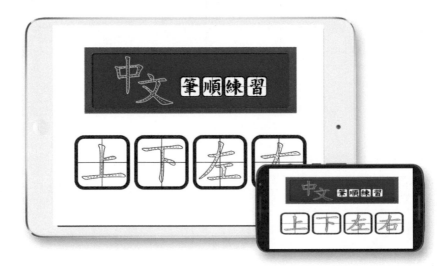

這個範例以中文筆順為製作主題,從一開始的佈置頁面、插入按鈕,到後面的動畫及互動行為的運用,讓瀏覽者能在操作之中獲得相關的知識。以下即是這個範例的製作流程:

1 佈置頁面
2 產生按鈕
3 標題與按鈕的動畫設計
4 筆畫的動畫設計
5 跳轉交互動作
6 播放整體動畫交互動作
7 隱藏交互動作
8 加入返回按鈕

3.2 佈置頁面

利用文字與圖片，佈置出第一頁的中文筆順內容，接著再透過複製與貼上的動作，產生其他中文筆順頁面。

插入外部圖片

一開始我們要先於頁面中插入筆順圖。

01 開啟軟體後於左上角選按 **Smart \ 打開**，在對話方塊中開啟本章範例原始檔 <中文筆順練習.ahl>。

02 開啟 <中文筆順練習.ahl> 原始檔，會看到已佈置好的背景與大小標題文字...等基本環境。

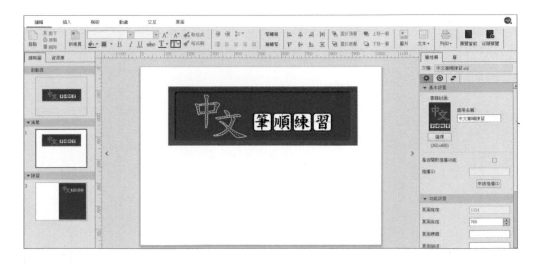

03 於 **縮略圖** 窗格 \ **練習** 節中選按第二頁後，於 **插入** 索引標籤選按 **圖片**，在對話方塊中開啟本章範例原始檔 <上1.png>。

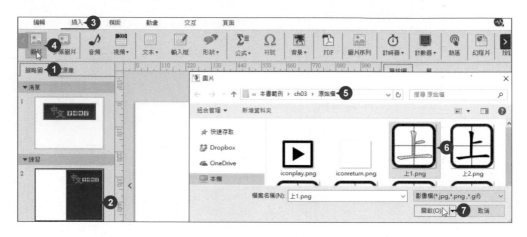

04 拖曳筆順圖四周的白色控點調整寬度與高度，並將滑鼠指標移到圖片上呈 ✛ 狀，按滑鼠左鍵不放拖曳到適當位置。過程中於 **屬性欄** 窗格的 ⚙ \ **基本設置** 項目中，可以透過 **x**、**y**、**寬** 與 **高** 欄位進行數值微調。

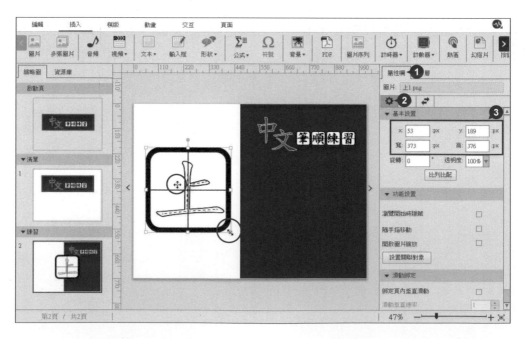

插入資源庫素材

接下來要佈置播放按鈕與筆畫素材。

01 於 **資源庫** 窗格的 **圖片** 資料夾，在 **iconplay.png** 圖片上按滑鼠左鍵不放，拖曳到頁面中筆順規則圖片下方的適當位置。

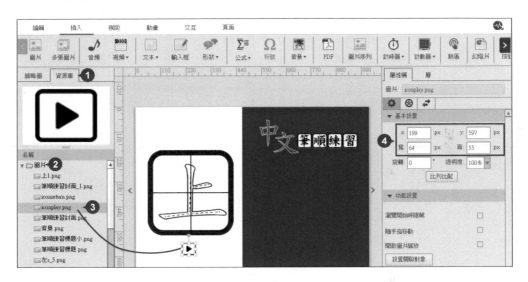

02 一樣於 **資源庫** 窗格的 **圖片** 資料夾中，拖曳出另外的 **上s_1.png** 圖片到頁面中筆順規則圖片該筆畫位置上。依照相同操作，參考右下圖再拖曳出 **上s_2.png**、**上s_3.png** 圖片到所屬的筆畫位置上。

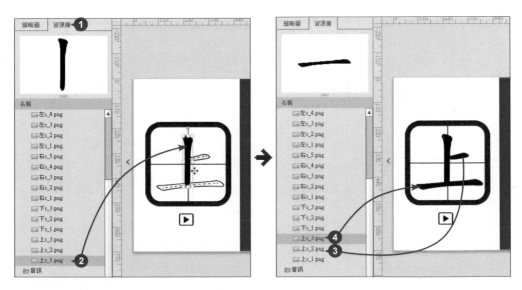

插入橫排文本框

在頁面右側佈置相關解釋文字，並調整大小、位置與樣式。

01 於 **插入** 索引標籤選按 **文本 \ 橫排文本框**，頁面上方即會出現文字框。

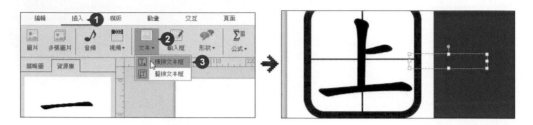

02 開啟本章範例原始檔 <中文筆順文字.txt>，選取第一段的所有文字後，按一下滑鼠右鍵選按 **複製**。

03 回到軟體中，先於文字框內按一下滑鼠左鍵出現輸入線，再按 Ctrl + V 鍵貼上文字。

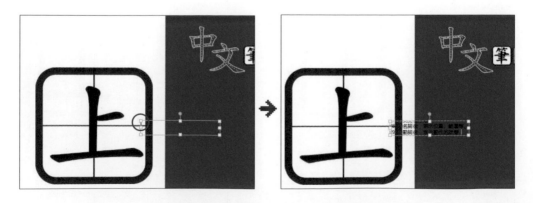

04 選取所有文字後，除了可以於 **編輯** 索引標籤設定字體、大小及字型顏色，也可以透過 **文本** 浮動工具列設定文字格式。

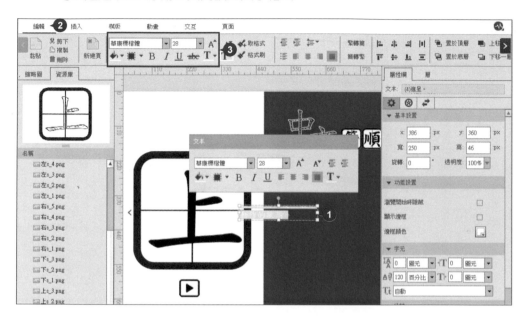

05 透過四周白色控點調整文字框大小，並將滑鼠指標移到文字框邊上，呈 ✛ 狀，按滑鼠左鍵不放拖曳到如下圖的適當位置。過程中一樣可以於 **屬性欄** 窗格的 ⚙ \ **基本設置** 項目中，透過 **x**、**y** 欄位進行數值微調。

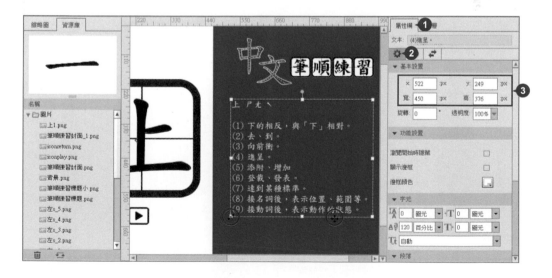

複製與貼上頁

佈置好第一個練習頁面後，接下來利用複製與貼上動作產生另外三頁。

於 **縮略圖** 窗格 \ **練習** 節中選按第 2 頁，先按一下滑鼠右鍵選按 **複製頁**，再按一下滑鼠右鍵選按 **貼上頁**，接著連續選按二次 **貼上頁**，產生共四頁的筆順練習頁面。

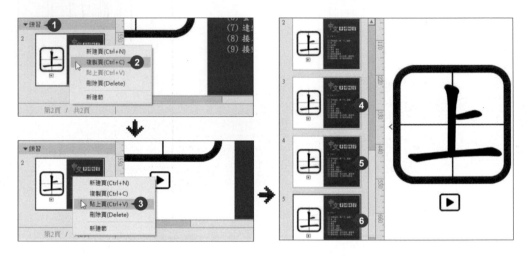

替換圖片與修改內容

產生的三頁筆順練習頁面，必須進行筆順圖的替換、置換筆畫與文字內容。

01 於 **縮略圖** 窗格 \ **練習** 節中選按第 3 頁，在筆順規則圖上方按一下滑鼠右鍵，選按 **原尺寸替換圖片**。

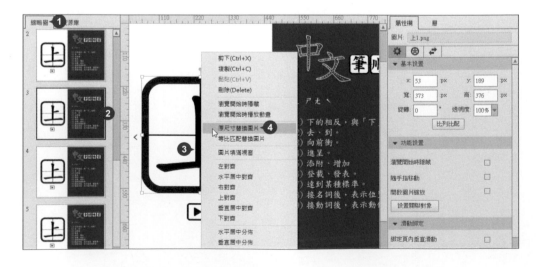

02 在對話方塊中開啟本章範例原始檔 <下1.png>，原本的 "上" 筆順圖隨即更換為 "下" 筆順圖，接著分別選取 "上" 的三個筆劃圖片，按 Del 鍵進行刪除。

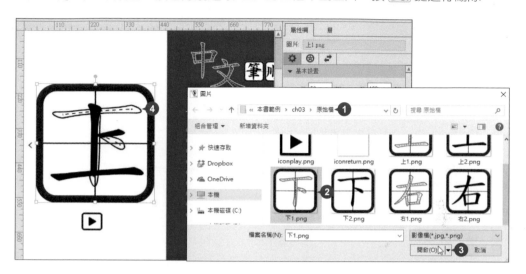

03 利用 **資源庫** 窗格拖曳出 **下s_1.png**、**下s_2.png** 與 **下s_3.png** 三個筆畫圖進行擺放，並開啟本章範例原始檔 <中文筆順文字.txt>，複製第二段的所有文字後，利用貼上更換文字框的內容。(如果文字樣式跑掉了再自行調整)

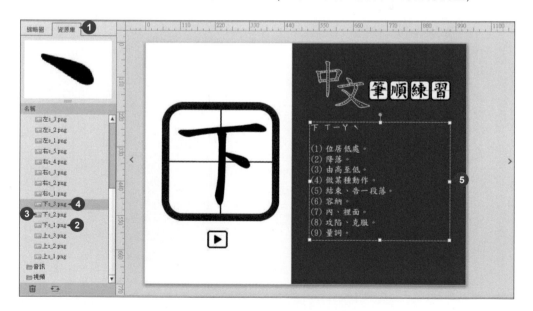

04 依照相同操作，將另外複製出來的二個頁面 (第 4 頁與第 5 頁)，調整為 "左" 與 "右" 筆順圖，並更換為相關解釋文字及調整文字框大小。

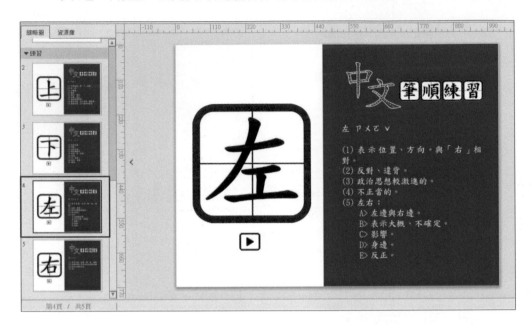

3.3 產生按鈕

在進入筆順練習頁面之前，讓操作者可以透過文字按鈕的選按，切換到要觀看筆順的中文字。

01 於 **縮略圖** 窗格 \ **清單** 節中選按已存在的頁面，於 **插入** 索引標籤選按 **按鈕**，在對話方塊中開啟本章範例原始檔 <上1.png>。

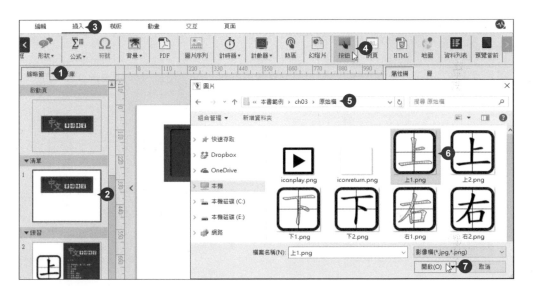

02 拖曳筆順圖四周的白色控點調整寬度與高度，並將滑鼠指標移到圖片上呈 ✛ 狀，按滑鼠左鍵不放拖曳到適當位置。

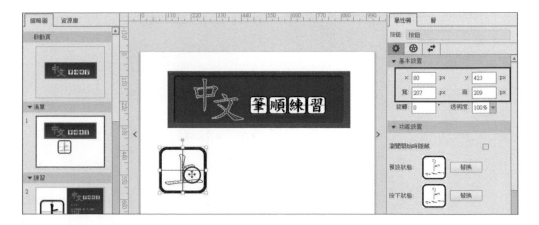

03 在選取筆順圖狀態下，於 **屬性欄** 窗格的 ⚙ \ **功能設置** 項目中，選按第二個
替換 鈕，更換 **按下狀態** 的圖片檔 <上2.png>。

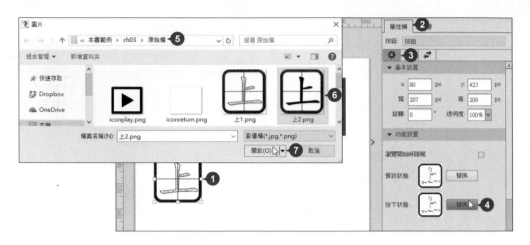

04 在按鈕圖上方按一下滑鼠右鍵先選按 **複製**，再按一下滑鼠右鍵選按 **黏貼**。

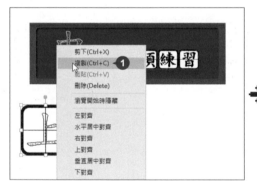
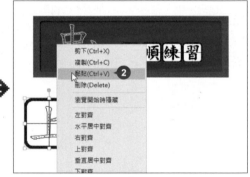

隨即產生一個相同的筆順圖，接
著持續 **黏貼** 二次，產生共四個
筆順圖。

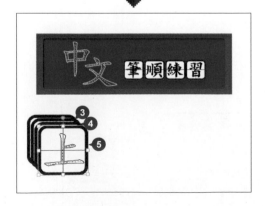

05 透過拖曳，將四個筆順圖分開排列如下圖，過程中可以利用 **編輯** 索引標籤內所提供的對齊項目進行調整。

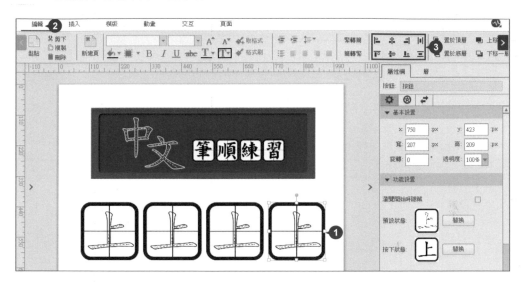

06 最後從左側第二個筆順圖開始，於 **屬性欄** 窗格的 ⚙ \ **功能設置** 項目中，分別於 **預設狀態** 與 **按下狀態** 進行圖片替換。

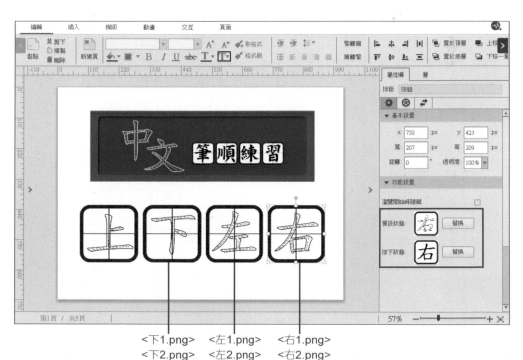

<下1.png>　<左1.png>　<右1.png>
<下2.png>　<左2.png>　<右2.png>

浮入、淡入與擦除的動畫設計

透過動畫的加入，讓標題與按鈕呈現浮入與淡入效果，另外再針對每個中文字的筆畫套用擦除效果。

標題與按鈕的動畫設計

01 於 **縮略圖** 窗格 \ **清單** 節中選按第 1 頁，選取 "中文筆順練習" 標題圖片後，於 **動畫** 索引標籤選按 **浮入** 動畫，設定 **效果：上浮、持續時間：0.50 秒**，然後選按 **添加** 套用 **浮入** 動畫。

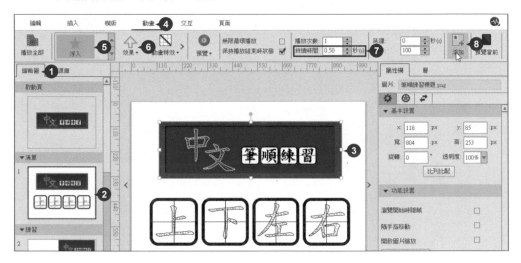

02 接著於 **屬性欄** 窗格的 ⚙ \ **動畫設置** 項目中核選 **瀏覽開始時播放動畫**，再於 ⚙ \ **功能設置** 項目中核選 **瀏覽開始時隱藏**，讓圖片先行隱藏，之後瀏覽頁面時再播放動畫。

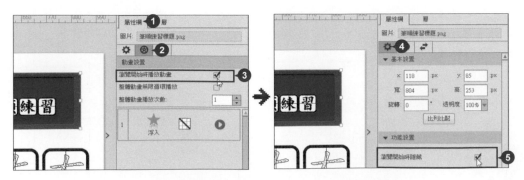

03 依照相同操作，分別選取 "上"、"下"、"左"、"右" 四張筆順圖後，於 **動畫** 索引標籤均套用 **淡入** 動畫，設定 **持續時間：0.50 秒**，然後同樣核選 **瀏覽開始時播放動畫**、**瀏覽開始時隱藏**。

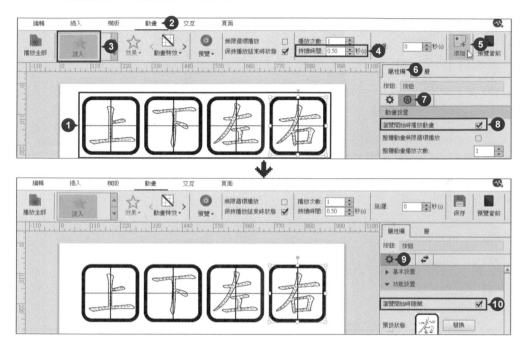

筆畫的動畫設計

01 於 **縮略圖** 窗格 \ **練習** 節中選按第 2 頁，選取 **上s_1.png** 筆畫圖片後，於 **動畫** 索引標籤選按 **擦除** 動畫，設定 **效果：至底部**、**持續時間：1.00 秒**、**延遲：0.75 秒**，然後選按 **添加** 產生動畫效果。

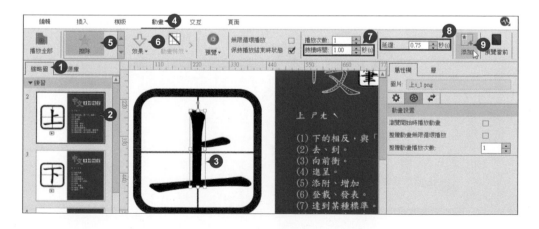

02 接著於 **屬性欄** 窗格的 ⚙ \ **功能設置** 項目中核選 **瀏覽開始時隱藏**。

03 依照相同操作，分別為 **上s_2.png**、**上s_3.png** 二張筆畫圖片套用 **擦除** 動畫，其中要注意的是：**效果** 可以根據該筆畫的書寫方向來調整，在此設定 **至右側**，而 **延遲** 則是分別為 **1.75 秒** 和 **2.75 秒**，另外記得一律核選 **瀏覽開始時隱藏**。

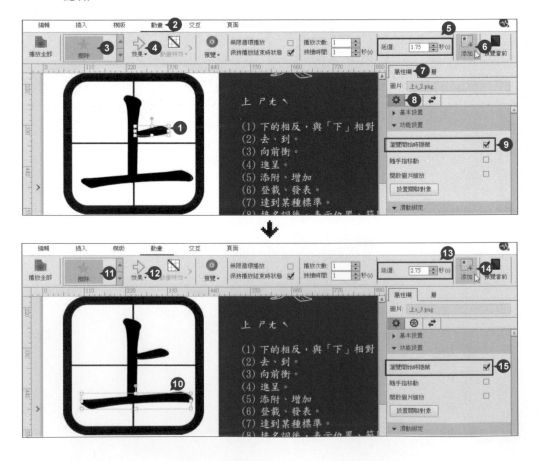

04 依據 "上" 筆順圖的設定方式,參考下表為另外的 "下"、"左"、"右" 筆順圖加入擦除動畫。

頁數	圖片	動畫	效果	延遲
練習節 / 第 3 頁	下s_1.png	擦除	至右側	0.75 秒(s)
	下s_2.png	擦除	至底部	1.75 秒(s)
	下s_3.png	擦除	至底部	2.75 秒(s)
練習節 / 第 4 頁	左s_1.png	擦除	至右側	0.75 秒(s)
	左s_2.png	擦除	至底部	1.75 秒(s)
	左s_3.png	擦除	至右側	2.75 秒(s)
	左s_4.png	擦除	至底部	3.75 秒(s)
	左s_5.png	擦除	至右側	4.75 秒(s)
練習節 / 第 5 頁	右s_1.png	擦除	至右側	0.75 秒(s)
	右s_2.png	擦除	至底部	1.75 秒(s)
	右s_3.png	擦除	至底部	2.75 秒(s)
	右s_4.png	擦除	至底部	3.75 秒(s)
	右s_5.png	擦除	至右側	4.75 秒(s)

05 最後記得於 屬性欄 窗格 ⚙ \ 功能設置 項目中為所有筆畫均核選 瀏覽開始時隱藏,讓筆畫一開始呈現隱藏狀態。

透過交互行為的設置，為按鈕設定跳轉的頁面，並在各頁中文字下方選按播放鈕，觀看到該中文字的筆順動畫。

設定跳轉交互行為

針對 3.3 節產生的中文字按鈕，設定跳轉的交互行為，讓瀏覽者在選按後即可切換到該中文字的筆順頁面。

01 於 **縮略圖** 窗格 \ **清單** 節中選按第 1 頁，選取 "上" 按鈕圖於 **交互** 索引標籤 **事件** 項目選按 **觸摸時**，**對象** 選按 "上" **按鈕**，**動作** 項目選按 **跳轉**。

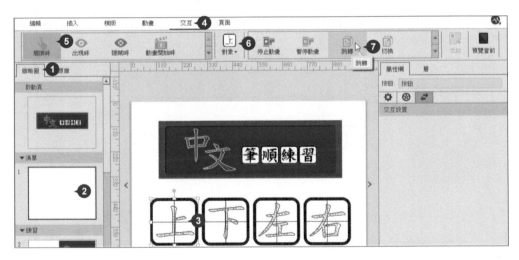

02 在出現的 **頁面跳轉** 對話方塊中，先選按 **橫向節：全部頁** 鈕，再選按第 2 頁 (上) 右上角 ➕ 鈕，即產生於 **所選擇的頁** 項目中，接著按 **確定** 鈕。

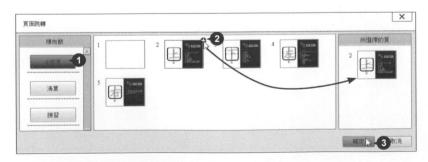

03 這時會於 **屬性欄** 窗格 ⇄ \ **交互設置** 項目中看到建立的交互行為。

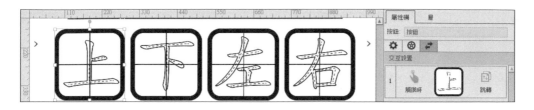

04 依照相同操作，參考下表分別為 "下"、"左"、"右" 按鈕均設定 **跳轉** 交互行為，並選擇相關的筆順頁面。

按鈕	事件	對象	動作	所選擇的頁
下	觸摸時	"下"按鈕	跳轉	3
左	觸摸時	"左"按鈕	跳轉	4
右	觸摸時	"右"按鈕	跳轉	5

設定播放整體動畫交互行為

接下來切換到第一個中文筆順練習頁面，首先針對播放鈕設定 **播放整體動畫** 的交互動作，讓瀏覽者在選按後即可看到到該中文字的筆順動畫。

01 於 **縮略圖** 窗格 \ **練習** 節中選按第 2 頁，選取 ▶ 圖示於 **交互** 索引標籤 **事件** 項目選按 **觸摸時**，**對象** 選按 **iconplay.png**，**動作** 項目選按 **隱藏**，然後選按 **添加** 建立交互行為。

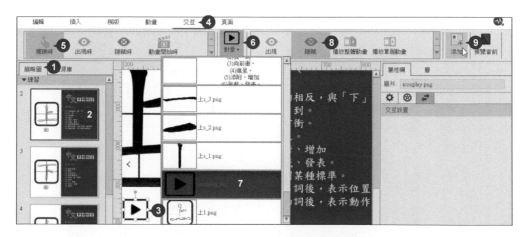

02 繼續選取 ▶ 圖示狀態下，於 **交互** 索引標籤分別將 **對象** 調整為 **上s_1.png**、**上s_2.png**、**上s_3.png**，陸續建立三個 **觸摸時**、**播放整體動畫** 交互行為。

設定隱藏交互行為

在中文字的最後一筆畫動畫播放結束後，必須透過 **隱藏** 的交互行為，讓所有的筆畫消失，呈現無書寫狀態，並重新顯示播放鈕。

01 選取 **上s_3.png** 圖，於 **交互** 索引標籤 **事件** 項目選按 **動畫結束時**，在出現的對話方塊中維持預設 **第幾個動畫結束時：1**，按 **確定** 鈕。接著 **對象** 選按 **上s_1.png**，**動作** 項目選按 **隱藏**，然後選按 **添加** 建立交互行為。

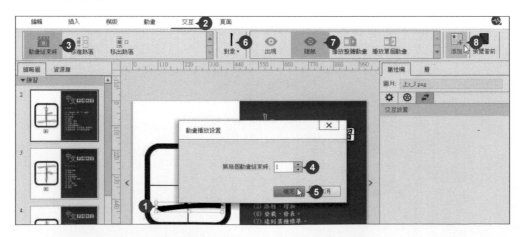

接著在選取 **上s_3.png** 狀態下，於 **交互** 索引標籤分別將 **對象** 調整為 **上s_2. png** 與 **上s_3.png**，建立二個 **動畫結束時、隱藏** 的交互行為。另外再將 **對 象** 調整為 **iconplay.png**，建立一個 **動畫結束時、出現** 的交互行為。

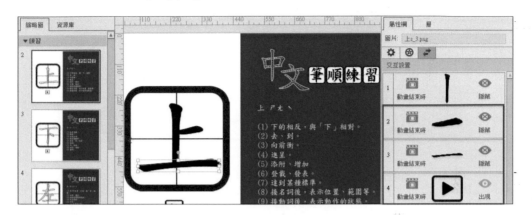

 最後根據 "上" 筆順圖的設定方式，參考下表為另外的 "下"、"左"、"右" 筆順 圖建立交互行為。

頁數	設定	事件	對象	動作
練習節 / 第 3 頁	▶	觸摸時	iconplay.png	隱藏
			下s_1.png～下s_3.png	播放整體動畫
練習節 / 第 3 頁	下s_3.png	動畫結束時	下s_1.png～下s_3.png	隱藏
			iconplay.png	出現
練習節 / 第 4 頁	▶	觸摸時	iconplay.png	隱藏
			左s_1.png～左s_5.png	播放整體動畫
練習節 / 第 4 頁	左s_5.png	動畫結束時	左s_1.png～左s_5.png	隱藏
			iconplay.png	出現
練習節 / 第 5 頁	▶	觸摸時	iconplay.png	隱藏
			右s_1.png～右s_5.png	播放整體動畫
練習節 / 第 5 頁	右s_5.png	動畫結束時	右s_1.png～右s_5.png	隱藏
			iconplay.png	出現

加入返回按鈕

當瀏覽作品中某一頁的中文筆順內容後，卻發現無法返回前面的文字按鈕頁面重新選按？以下將加入返回按鈕，操作說明如下：

01 於 **縮略圖** 窗格 \ **練習** 節中選按第 2 頁，於 **資源庫** 窗格 \ **圖片** 資料夾，在 **iconreturn.png** 圖片上按滑鼠左鍵不放，拖曳到頁面右側，文字右下角。

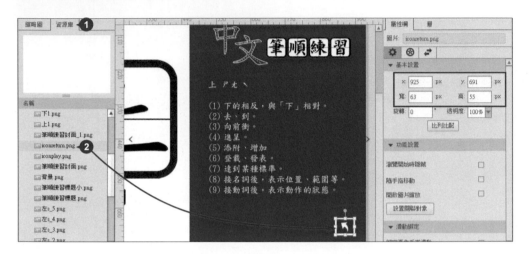

02 選取 **iconreturn.png** 圖片的狀態下，於 **交互** 索引標籤 **事件** 項目選按 **觸摸時**，**對象** 選按 **iconreturn.png**，**動作** 選按 **跳轉**，在出現的 **頁面跳轉** 對話方塊中，先選按 **橫向節：全部頁** 鈕，再選按第 1 頁右上角 ⊕ 鈕，即產生於 **所選擇的頁** 項目中，接著按 **確定** 鈕。

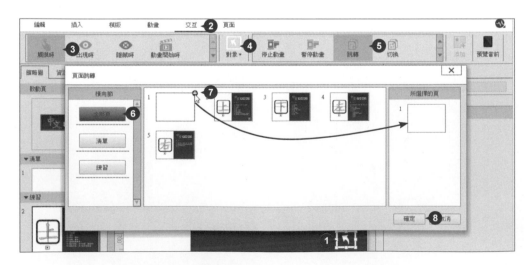

03 先在 **縮略圖** 窗格**練習** 節中選按第 2 頁，於返回按鈕圖片上方按一下滑鼠右鍵，選按**複製**；再於 **縮略圖** 窗格**練習** 節中選按第 3 頁，頁面右側按一下滑鼠右鍵，選按 **黏貼**。

04 最後分別於 **縮略圖** 窗格**練習** 節中選按第 4、5 頁，利用按一下滑鼠右鍵，選按 **黏貼**，將返回按鈕圖片原地貼上，即完成此範例。

選擇題

1. ( ) 插入的圖片可以在按一下滑鼠右鍵後，透過清單中的何種功能進行等尺寸的圖片替換？

   (A) 圖片填滿
   (B) 原尺寸替換圖片
   (C) 等比匹配替換圖片
   (D) 替換圖片

2. ( ) 以下哪個動畫可以表現文字書寫效果？

   (A) 淡入　(B) 浮入　(C) 移動　(D) 擦除

3. ( ) 如果要讓前後動畫呈現接續效果，可以透過何項功能調整時間差？

   (A) 播放時間　(B) 持續時間　(C) 延遲　(D) 無限循環播放

4. ( ) 以下哪一個說明正確無誤？

   (A) **按鈕** 功能位於 **編輯** 索引標籤
   (B) 按鈕有預設與按下二種狀態
   (C) 插入的按鈕圖片無法更換
   (D) 以上皆是

5. ( ) 在 **縮略圖** 窗格的頁面上按一下滑鼠右鍵，選按何項功能可以複製頁面？

   (A) 複製頁　(B) 新增節　(C) 新建頁　(D) 設置為支付頁

實作題

請依下述提示完成作品："水果ABC"。

1. 為 "Apple" 文字套用 淡入 動畫，"蘋果" 文字套用 淡入 動畫，均設定 持續時間：**1.00** 秒、瀏覽開始時隱藏。

2. 選取 **apple.png**，建立 **觸摸時**、對象為 "Apple"、**播放單個動畫** 的交互行為。另外選取 "Apple"，建立 **動畫結束時**、對象為 "蘋果"、**播放單個動畫** 的交互行為。

3. 利用複製與貼上功能產生 2、3 頁，將原來的 **apple.png** 以 等比匹配替換圖片 更換為 <Banana.png>、<Cherry.png> 圖片，調整大小與中英文字。

4

Chapter

學習主題

景點導覽 App
蘭嶼微旅行

學習重點

橫排文本框
圖片橫滑切換模版交互設定・
動畫設計・熱區・地圖・撥號
網頁・音頻

4.1 專案發想與規劃

在 "蘭嶼微旅行" 的範例中，結合了模版、氣泡文字、動畫、熱區、交互的設計，並插入地圖、網頁與音樂還有電話撥號的功能，透過客製化的 App 提供獨一無二、量身打造的導覽體驗。

有鑑於行動裝置的普及，越來越多深具在地特色的觀光景點、休閒農場、餐廳或住宿…等產業，突破傳統電子商務的行銷概念，結合 App 技術與科技導覽，讓使用者不僅可以藉由這樣的 App 服務找到相關的旅遊資訊，還可以藉此達到宣傳的目的。

這個範例以蘭嶼為製作主題，從一開始啟動頁的拼板舟圖片與音樂，到透過景點的選按顯示介紹文字與圖片，另外可以瀏覽民宿地圖與撥打民宿業者的電話服務，還可以連結到外部網站，讓旅遊也可以變得更有深度！以下即是這個範例的製作流程：

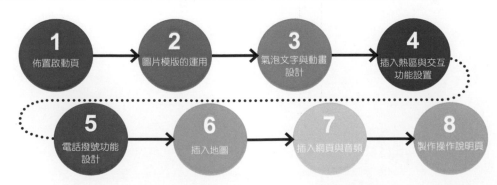

1 佈置啟動頁
2 圖片模版的運用
3 氣泡文字與動畫設計
4 插入熱區與交互功能設置
5 電話撥號功能設計
6 插入地圖
7 插入網頁與音頻
8 製作操作說明頁

4.2 佈置頁面

在 "蘭嶼微旅行" 的範例中,透過一張拼板舟圖片,與白色文字及些許透明的灰底設計,完成啟動頁的佈置。

打開原始檔

01 於軟體左上角選按 **Smart \ 打開**,在對話方塊中開啟本章範例原始檔 <蘭嶼微旅行.ahl>。

02 開啟 <蘭嶼微旅行.ahl> 原始檔,會看到已佈置好的景點地圖及基本環境。

插入圖片

01 於 **縮略圖** 窗格 \ **啟動頁** 節中選按空白頁面，於 **插入** 索引標籤選按 **圖片**，在
對話方塊中開啟本章範例原始檔 <背景相片.jpg>。

02 這時候插入的圖片會以置中方式擺放在頁面之內。

插入橫排文本框

在相片中間處，佈置作品名稱 "蘭嶼‧微旅行"，並加上背景顏色與調整透明度，讓文字呈現設計感。

 於 **插入** 索引標籤選按 **文本 \ 橫排文本框**，相片上方即會出現文字框。

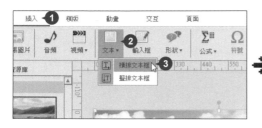 

 於文字框中按一下滑鼠左鍵出現輸入線後，於 **編輯** 索引標籤，設定字型、字型大小及字型顏色，接著拖曳文字框左右二側與中間的白色控點，調整寬度與高度 (寬度同相片尺寸)。

---

point

調整文字框大小

在文字框上拖曳白色控點時，會出現 w、h 數值，讓您可以即時掌握及調整文字框大小。如果想要直接透過數值設定文字框大小時，則可以於右側 **屬性欄** 窗格的 ⚙ \ **基本設置** 項目中，在 **寬** 與 **高** 欄位直接輸入。

屬性欄	層

文本：

⚙ ⊗ ↻

▼ 基本設置

X:	1	px	Y:	370	px
寬:	1024	px	高:	77	px
旋轉:	0	°	透明度:	100%	▼

03 在文字框出現輸入線的狀態下，輸入 「蘭嶼‧微旅行」 文字，然後於 **編輯** 索引標籤選按 **文本右對齊** 鈕、設定 **背景顏色：#666666、背景透明度：70%**。(文字框高度以顯示完整文字為主)

04 將滑鼠指標移到文字框上呈 ✛ 狀，按滑鼠左鍵不放拖曳到如右圖的位置擺放。

point

利用文本浮動工具列編輯文字

輸入的文字除了利用 **編輯** 索引標籤設定格式外；還可以選取文字後，在出現的 **文本** 浮動工具列中直接調整。

4.3 圖片模版的運用

透過模版，讓大量圖片快速以動態方式呈現，省去另外設定動畫或交互行為的麻煩。

利用橫排文本框佈置景點文字

一開始先佈置景點的介紹文字，並調整大小、位置及樣式。

 01 先於 **縮略圖** 窗格 \ **景點與住宿資訊** 節中選按第 2 頁，接著於 **插入** 索引標籤選按 **文本 \ 橫排文本框**，頁面上即出現文字框。

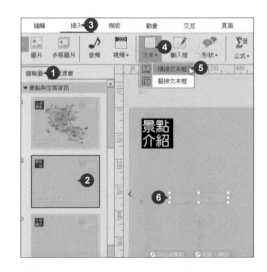

02 開啟本章範例原始檔 <景點文字.txt>，選取 "朗島部落" 的所有文字後，按一下滑鼠右鍵選按 **複製**，回到軟體中的 "景點介紹" 頁面，於文字框內按一下滑鼠左鍵出現輸入線，再按 **Ctrl** + **V** 鍵貼上文字，並透過四周白色控點調整大小。

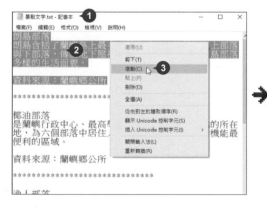

03 分別調整文字框內的文字格式，如：字型、字型大小、字型顏色與對齊樣式後，再分別選取 "朗島部落" 文字與景點內容後，於 **屬性欄** 窗格的 ⚙ \ **字元** 項目中設定合適的 **行間距**。(文字框大小可以根據內容隨時進行調整)

行間距

字型：華康圓體 **Std W3**、字型大小：**20**。

04 接著將滑鼠指標移到文字框上呈 ✣ 狀，按滑鼠左鍵不放往頁面左側拖曳，放置在 "景點介紹" 文字下方。

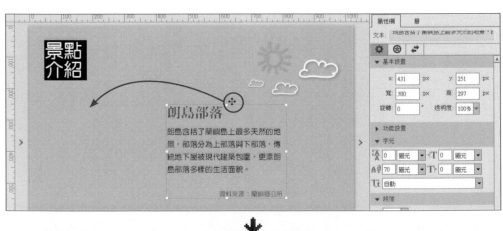

利用圖片橫滑切換模版佈置景點圖片

接著要佈置景點的圖片，讓相關的圖片以左右切換的方式進行更換。

01 於 **模版** 索引標籤選按 **圖文 \ 圖片橫滑切換**，頁面上方即出現相關模版，接著將滑鼠指標移到模版上呈 ✛ 狀，按滑鼠左鍵不放拖曳至文字右側適當位置擺放，接著於 **屬性欄** 窗格 ⚙ **\ 功能設置** 項目中按 **模版設置** 鈕。

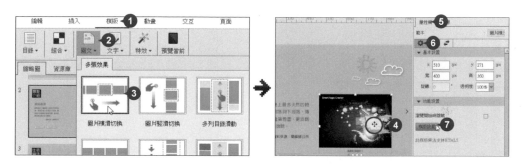

02 在 **模版設置** 對話方塊的第一張圖片，選按右上角 🔁 **替換** 鈕，在對話方塊中開啟本章範例原始檔中 **<01朗島 \ 朗島部落01.jpg>**。

03 依照相同操作，分別將第二張圖片~第四張圖片替換為 **<朗島部落02.jpg>~<朗島部落04.jpg>**，然後按 **確定** 鈕。

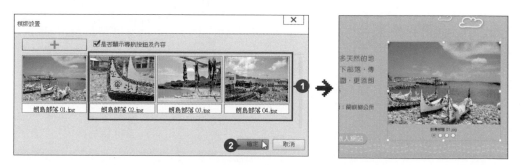

按鈕的交互設定

佈置好景點的文字與圖片後，接著為下方的二個按鈕設定：選按後，各別切換回 "沁遊景點" 的地圖頁面及 "旅人網站" 頁面。

01 選取頁面下方的 **回沁遊景點** 鈕，於 **交互** 索引標籤 **事件** 項目選按 **觸摸時**，**對象** 選按 **回沁遊景點鈕.png**，**動作** 項目選按 **切換**。

選按 ▲ 或 ▼ 鈕，可以瀏覽其他動作項目

02 在出現的 **頁面切換** 對話方塊中，先選按 **橫向節：全部頁** 鈕，再選按第 1 頁右上角 ⊕ 鈕，即產生於 **所選擇的頁** 項目中，接著按 **確定** 鈕，這時會於 **屬性欄** 窗格 ↔ **交互設置** 項目中產生建立的交互行為。

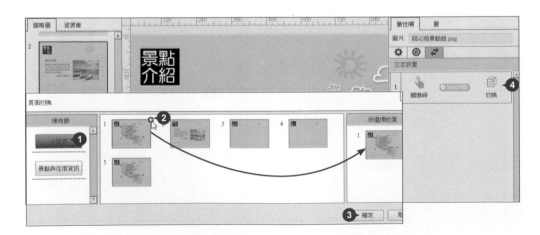

依照相同操作，為 **到旅人網站** 鈕建立相同的交互行為，並參考下圖連結到第 4 頁的 "旅人網站" 頁面。

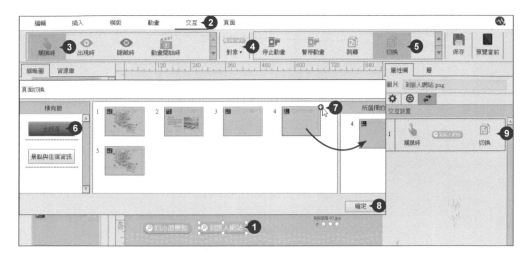

複製並修改其他的景點介紹頁面

完成第一個景點介紹頁面後，接下來就利用複製、貼上動作產生另外五個景點的介紹頁面，並修改成相關內容。

01 於 **縮略圖** 窗格 \ **景點與住宿資訊** 節選按第 2 頁，先按一下滑鼠右鍵選按 **複製頁**，再按一下滑鼠右鍵選按 **貼上頁**，接著連續選按五次 **貼上頁**，產生共六頁的景點介紹頁面。

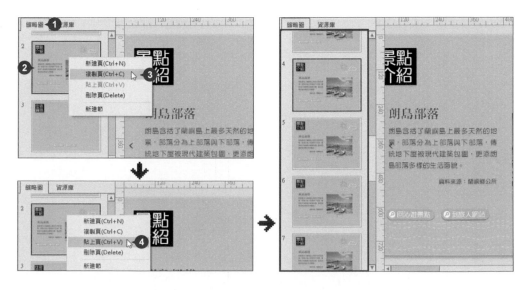

02 開啟本章範例原始檔 <景點文字.txt>，複製 "椰油部落" 景點文字後，返回軟體的 "景點介紹" 第 3 頁，貼上相關文字。

03 選取右側的 **圖片橫滑切換** 模版，於 **屬性欄** 窗格 ⚙ \ **功能設置** 按 **模版設置** 鈕開啟對話方塊。

04 透過圖片右上角的 ⬚ **替換** 鈕，更換為本章範例原始檔 <02椰油> 資料夾下的 <椰油部落01.jpg>、<椰油部落02.jpg>，並於第三、四張圖片右上角選按 ✕ **刪除** 鈕進行移除，最後按 **確定** 鈕即完成修改。

05 根據前面步驟 2 到 4 的操作內容，依序完成 "漁人部落"、"紅頭部落"、"東清部落" 與 "野銀部落" 四個景點的介紹頁面。

插入氣泡文字

在地圖上的景點周圍，佈置圓角矩形的氣泡文字，藉此顯示相對應的景點簡介。

01 先於 **縮略圖** 窗格 \ **景點與住宿資訊** 節中選按第 1 頁，接著於 **插入** 索引標籤選按 **形狀** \ **圓角矩形氣泡**，地圖上方即出現氣泡文字。

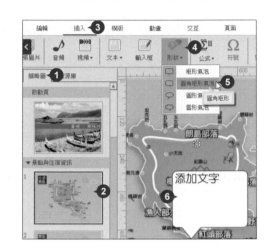

02 開啟本章範例原始檔 <地圖文字.txt>，選取 "朗島部落" 的所有文字後，按一下滑鼠右鍵選按 **複製**，回到軟體中的 "沁遊景點" 頁面，於圓角矩形氣泡內按一下滑鼠左鍵出現輸入線，再按 Ctrl + V 鍵貼上文字，並透過四周白色控點調整大小。

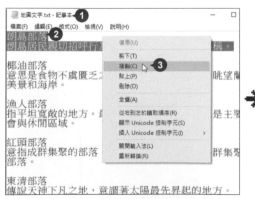

03 調整氣泡內的文字格式，如：字型、字型大小與字型顏色後，接著將滑鼠指標移到邊框上呈 ✛ 狀，按滑鼠左鍵不放往地圖右上角拖曳，約靠近 "朗島部落" 文字右側。

字型：華康新特明體、字型大小：36、
字型顏色：**FF6600**

字型：華康圓體 **Std W5**、字型大小：**28**

04 將滑鼠指標移到黃色菱形上，按滑鼠左鍵不放往左側拖曳，將氣泡指向地圖上的 "朗島部落" 處，接著再透過四周白色控點調整氣泡文字的大小。

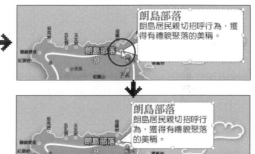

05 接著選取 "朗島文字" 氣泡文字，於 **屬性欄** 窗格 ⚙ \ **基本設置** 設定 **透明度：80%**。再於 **資源庫** 窗格的 **圖片** 資料夾，在 **播放鈕.png** 圖片上按滑鼠左鍵不放拖曳到 "朗島文字" 氣泡文字右下角位置擺放。

修改層名稱

因為之後會依據地圖上的景點來建立六個圓角矩形氣泡文字，所以為了方便辨識，可以透過 層 窗格修改物件名稱。

選取 "朗島部落" 氣泡文字內的 ⊙ 圖示，於 層 窗格中的 **播放鈕.png** 圖層上連按滑鼠左鍵二下出現輸入線，修改名稱為「朗島 play」後按 **Enter** 鍵。下方氣泡文字則是刪除不需要的文字，僅留下「朗島部落」名稱即可。

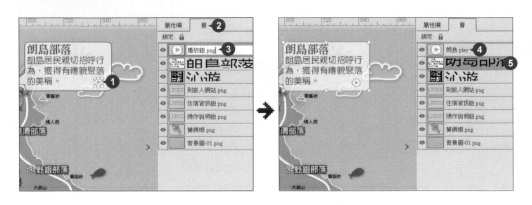

為氣泡文字加入浮入動畫

透過動畫的套用，讓靜止的氣泡文字，以浮入的方式出現。

01 選取 "朗島部落" 氣泡文字後，於 **動畫** 索引標籤選按 **浮入** 動畫，設定 **效果：左浮**，再選按 **添加**，會於 **屬性欄** 窗格 ⊗ \ **動畫設置** 項目中產生 **浮入** 動畫。

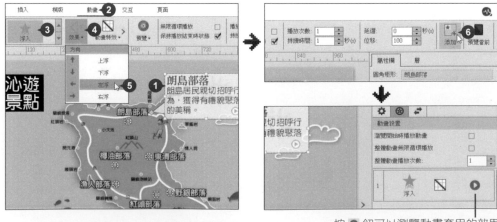

按 ⊙ 鈕可以瀏覽動畫套用的效果

除了設定 "朗島部落" 氣泡文字的動畫效果，另外在 ⊙ 圖示上套用相同的左浮動畫效果，讓二者物件在播放時可以一起浮入。

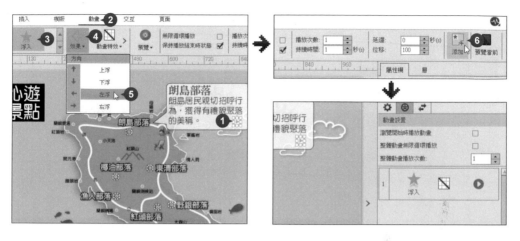

隱藏氣泡文字

在瀏覽 "沁遊景點" 地圖時，我們希望氣泡文字及 ⊙ 圖示預先呈現隱藏狀態。所以分別選取 "朗島部落" 氣泡文字與 ⊙ 圖示後，於 **屬性欄** 窗格 ⚙ \ **功能設置** 項目中核選 **瀏覽開始時隱藏** 即可。

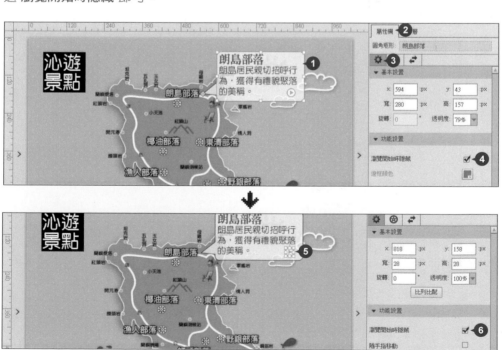

複製、貼上與修改氣泡文字

佈置好第一個景點 (朗島) 的氣泡文字後，利用複製與貼上功能，建立其他五個景點的氣泡文字，並進行文字、層及動畫的調整。

01 利用 **Ctrl** 鍵選取 "朗島部落" 氣泡文字及 ▶ 圖示後，按一下滑鼠右鍵選按 **複製**，接著於任意處按一下滑鼠右鍵選按 **黏貼**。

02 將氣泡文字 (連同 ▶ 圖示) 拖曳至適當位置擺放，接著更換為本章範例原始檔 <地圖文字.txt> 的 "椰油部落" 所有文字，再調整氣泡指向、氣泡文字大小與 ▶ 圖示位置。

03 分別選取 "椰油部落" 氣泡文字與 ▶ 圖示，於 **層** 窗格中修改名稱為 「椰油play」 及 「椰油部落」。

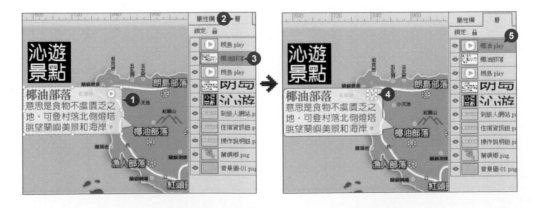

04 根據氣泡文字的位置，微調動畫效果的方向。選取 "椰油部落" 氣泡文字，於 **屬性欄** 窗格 ⚙ \ **動畫設置** 項目選按 **浮入** 動畫後，再選按 **動畫** 索引標籤設定 **效果：右浮**，然後按 **保存** 完成修改。

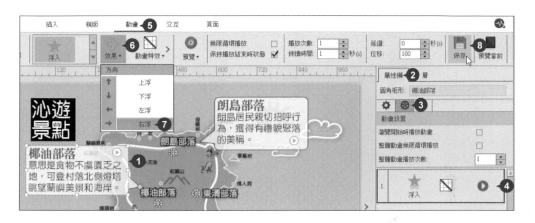

依照相同操作，另外在 ▶ 圖示套用 **右浮** 動畫效果，讓二者物件在播放時可以一起浮入。

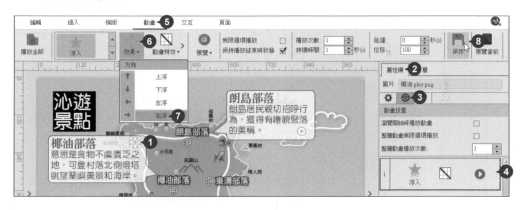

05 最後分別選取 "椰油部落" 氣泡文字與 ▶ 圖示，於 **屬性欄** 窗格 ⚙ \ **功能設置** 項目中，確認 **瀏覽開始時隱藏** 已核選，即完成椰油部落的氣泡文字佈置。

06 利用 **複製** 與 **黏貼** 功能佈置出另外四個景點，其中文字可以於本章範例原始檔 <地圖文字.txt> 找到。而每個氣泡文字及 ▶ 圖示的命名，與動畫方向的修改，可以參考下表進行調整。

景點	內容	層 名稱	動畫 效果
漁人部落	漁人部落 指平坦寬敞的地方。最平坦與寬敞的地方，也是主要聚會與休閒區域。	漁人 play / 漁人部落	右浮
紅頭部落	紅頭部落 意指成群集聚的部落。第一個舉行招魚祭，為群集聚的部落。	紅頭 play / 紅頭部落	上浮
東清部落	東清部落 傳說天神下凡之地，意謂著太陽最先昇起的地方。	東清 play / 東清部落	左浮
野銀部落	野銀部落 意指這裡有許多的馬鞍藤，是島上保留最完整的傳統聚落。	野銀 play / 野銀部落	左浮

六個景點的氣泡文字佈置完成後如下圖所示。

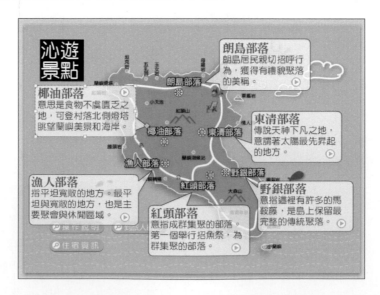

4.5 插入熱區與設置交互行為

透過加入熱區與交互行為的設定，讓物件彼此產生配合效果。這一節即利用熱區特性，產生選按景點文字時，顯示該氣泡文字的狀態。

插入熱區

在這個地圖頁面中，我們想在選按景點文字時，出現氣泡文字 (其他氣泡文字皆隱藏)，並選按 ⊙ 圖示切換到該景點詳細頁面瀏覽。

為了讓軟體知道在哪個區域執行相關操作，以下先在景點文字建立熱區。

 於 **插入** 索引標籤選按 **熱區**，立刻在地圖上產生淡藍色的矩形 **熱區1**，拖曳到 "朗島部落" 文字上方，並利用四周白色控點縮放至能夠覆蓋文字的大小。

 依照相同操作，為地圖上的 "椰油部落" 文字建立 **熱區2**。

03 最後依序在地圖上的 "漁人部落" 文字拖曳出 **熱區3**，"紅頭部落" 文字拖曳出 **熱區4**，"東清部落" 文字拖曳出 **熱區5**，"野銀部落" 文字拖曳出 **熱區6**。

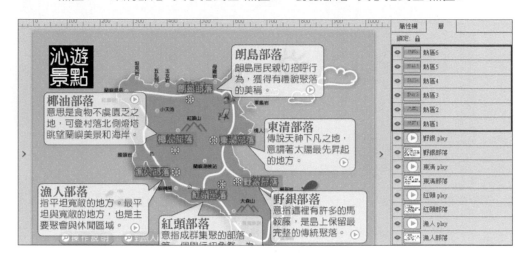

point

熱區的編號

插入的 **熱區** 會依序編號，但如果過程中刪除某個熱區時，新插入的 **熱區** 編號並不會從刪除的 **熱區** 編號開始建立，而是從下一個編號開始。如果想讓編號有延續，必須先儲存後關閉檔案，再開啟檔案才可以。

修改熱區的層名稱

為了快速辨認景點所屬熱區，一樣透過 **層** 窗格，在熱區名稱前方加上部落名，例如：朗島-熱區1，其他可以參考下圖進行調整。

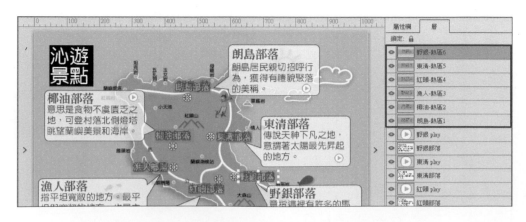

景點名稱上方熱區的交互行為設定

熱區佈置完後，接下來我們要先在這些熱區上設定，選按部落名稱後，浮出所屬氣泡文字的交互行為。

01 選按地圖上的 **朗島-熱區1**，於 **交互** 索引標籤 **事件** 項目選按 **觸摸時**，**對象** 選按 **朗島部落**，**動作** 項目選按 **播放單個動畫**。

02 在出現的 **動畫播放設置** 對話方塊中，按 **確定** 鈕播放第 1 個動畫，接著於 **屬性欄** 窗格的 **交互設置** 項目中會發現建立的交互行為。

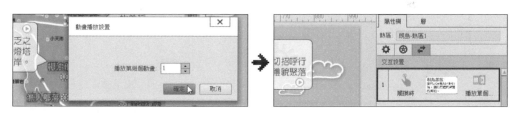

03 在選取 **朗島-熱區1** 的狀態下，於 **交互** 索引標籤 **事件** 項目選按 **觸摸時**，**對象** 選按 **朗島 play**，**動作** 項目選按 **播放單個動畫**，建立第二個交互行為。

前面二個交互行為主要播放 "朗島部落" 氣泡文字的浮出動畫，以下還必須建立將其他部落的氣泡文字進行隱藏的交互行為。

01 在選取 **朗島-熱區1** 的狀態下，於 **交互** 索引標籤 **事件** 項目選按 **觸摸時**，**對象** 選按 **椰油部落**，**動作** 項目選按 **隱藏**，再按 **添加** 建立第三個交互行為。

02 一樣在選取 **朗島-熱區1** 的狀態下，於 **交互** 索引標籤 **事件** 項目選按 **觸摸時**，**對象** 選按 **椰油 play**，**動作** 項目選按 **隱藏**，再按 **添加** 建立第四個交互行為。

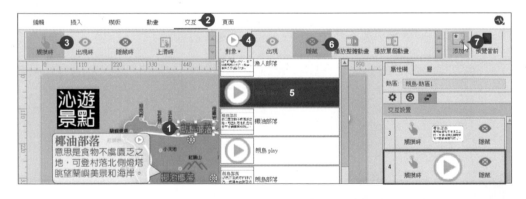

03 最後一樣在選取 **朗島-熱區1** 的狀態下，將剩下的 **對象：漁人部落** 及 **漁人 play**、**紅頭部落** 及 **紅頭 play**、**東清部落** 及 **東清 play**、**野銀部落** 及 **野銀 play**，均設定為 **觸摸時**、**隱藏** 交互行為。

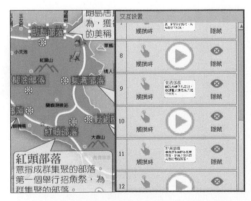

04 依照 **朗島-熱區1** 操作，參考下表，為其他五個熱區建立交互行為。

設定	事件	對象	動作
椰油-熱區2	觸摸時	椰油部落、椰油 play	播放單個動畫
		朗島部落、朗島 play、漁人部落、漁人 play、紅頭部落、紅頭 play、東清部落、東清 play、野銀部落、野銀 play	隱藏
漁人-熱區3	觸摸時	漁人部落、漁人 paly	播放單個動畫
		朗島部落、朗島 play、椰油部落、椰油 play、紅頭部落、紅頭 play、東清部落、東清 play、野銀部落、野銀 play	隱藏
紅頭-熱區4	觸摸時	紅頭部落、紅頭 play	播放單個動畫
		朗島部落、朗島 play、椰油部落、椰油 play、漁人部落、漁人 play、東清部落、東清 play、野銀部落、野銀 play	隱藏
東清-熱區5	觸摸時	東清部落、東清 play	播放單個動畫
		朗島部落、朗島 play、椰油部落、椰油 play、漁人部落、漁人 play、紅頭部落、紅頭play、野銀部落、野銀 play	隱藏
野銀-熱區6	觸摸時	野銀部落、野銀 play	播放單個動畫
		朗島部落、朗島 play、椰油部落、椰油 play、漁人部落、漁人 play、紅頭部落、紅頭 play、東清部落、東清 play	隱藏

 05 完成地圖上部落名稱的交互行為後，可以於 **交互** 索引標籤右側選按 **預覽當前**。

06 透過模擬器預覽頁面，在任一個部落名稱上按一下，即會浮出該部落的氣泡
文字，而當您按下一個部落名稱時，前一個氣泡文字則會隱藏起來。

播放鈕的交互行為設定

除了為這些景點名稱上方的熱區設定交互行為外，接下來還要為其播放鈕上方的熱
區設定選按後，切換到該景點的介紹頁面的交互行為。

01 選按地圖上 "朗島部落" 氣泡文字的 ⊙ 圖示，於 **交互** 索引標籤 **事件** 項目選
按 **觸摸時**，**對象** 選按 **朗島 play**，**動作** 項目選按 **切換**。

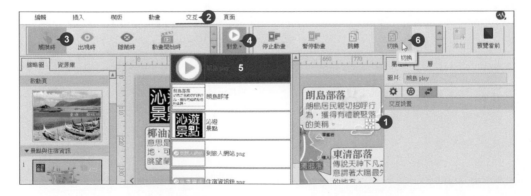

在出現的 **頁面切換** 對話方塊中，先選按 **橫向節：全部頁** 鈕，再選按第 2 頁 (朗島部落) 右上角 ➕ 鈕，即產生於 **所選擇的頁** 項目中，接著按 **確定** 鈕，這時會於 **屬性欄** 窗格 🔁 \ **交互設置** 項目中發現建立的交互行為。

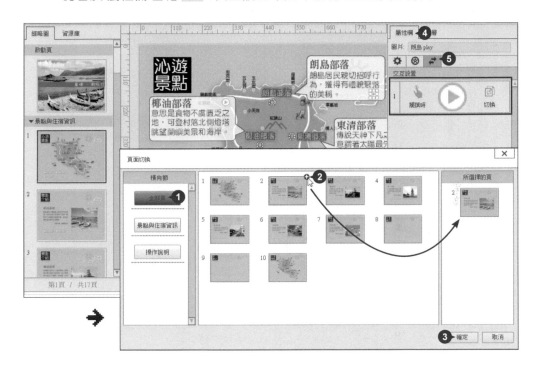

依照相同操作，參考下表分別為 "椰油部落"、"漁人部落"、"紅頭部落"、"東清部落"、"野銀部落" 氣泡文字的 ▶ 圖示均設定 **切換** 交互行為，並選擇相關的景點介紹頁面。

設定	事件	對象	動作	所選擇的頁
"椰油部落" 氣泡文字的 ▶ 圖示	觸摸時	椰油 play	切換	3
"漁人部落" 氣泡文字的 ▶ 圖示	觸摸時	漁人 play	切換	4
"紅頭部落" 氣泡文字的 ▶ 圖示	觸摸時	紅頭 play	切換	5
"東清部落" 氣泡文字的 ▶ 圖示	觸摸時	東清 play	切換	6
"野銀部落" 氣泡文字的 ▶ 圖示	觸摸時	野銀 play	切換	7

4.6 插入地圖

在作品中有了地圖的加入，不管是住宿地點或餐廳位置...等，只要輸入正確地址，就能輕鬆顯示該目的地位置。

插入民宿資訊圖片

先於 **縮略圖** 窗格 \ **景點與住宿資訊** 節中選按第 8 頁，接著於 **插入** 索引標籤選按 **圖片**，在對話方塊中開啟本章範例原始檔 <民宿資訊.png>，並調整合適大小與位置。

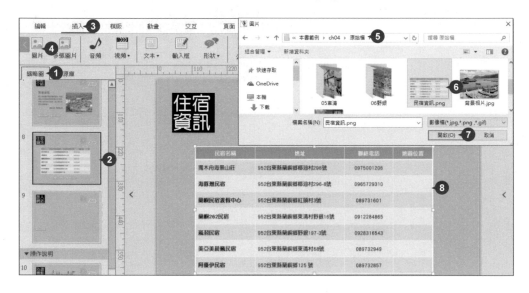

佈置地圖顯示頁面

我們要利用遮色片、文字與插入地圖，佈置一個 Google 地圖顯示頁面。

01 於 **縮略圖** 窗格 \ **景點與住宿資訊** 節中選按第 8 頁，先按一下滑鼠右鍵選按 **複製頁**，再按一下滑鼠右鍵選按 **貼上頁**，產生一頁的住宿資訊頁面。

02 於 **縮略圖** 窗格 \ **景點與住宿資訊** 節中選按第 9 頁切換到該頁面後,再於 **資源庫** 窗格 \ **圖片** 資料夾中,在 **遮罩.png** 圖片上按滑鼠左鍵不放拖曳到頁面中,利用 **屬性欄** 窗格 ⚙ \ **基本設置** 項目設定 **x**、**y** 與 **透明度**。(可利用 **編輯** 索引標籤中的 ⊞ **水平居中對齊**、⊟ **垂直居中對齊**,即可將圖片擺放至正中央的位置。)

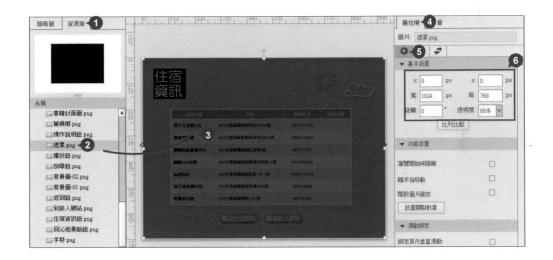

03 於 **插入** 索引標籤選按 **文本** \ **橫排文本框**,參考下圖進行文字框佈置與格式調整,其中民宿名稱可以開啟本章範例原始檔 <民宿資訊.txt> 進行複製與貼上。接著再於 **資源庫** 窗格 \ **圖片** 資料夾,拖曳 **返回鈕.png**,參考下圖進行大小與位置的調整。

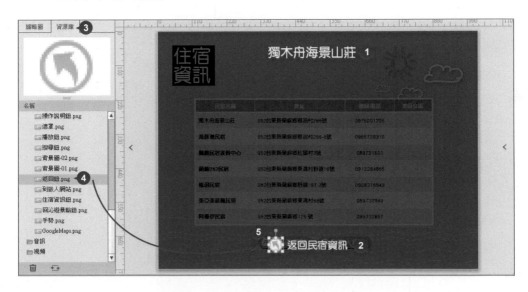

返回鈕的交互設定

佈置好地圖頁面中的文字與地圖畫面後，接著為下方的返回按鈕設定選按後，切換回 "住宿資訊" 的頁面。

01 選按頁面下方的 **返回** 鈕，於 **交互** 索引標籤 **事件** 項目選按 **觸摸時**，**對象** 選按 **返回鈕.png**，**動作** 項目選按 **切換**。

02 在出現的 **頁面切換** 對話方塊中，先選按 **橫向節：全部頁** 鈕，再選按第 8 頁 (住宿資訊) 右上角 ⊕ 鈕，即產生於 **所選擇的頁** 項目中，接著按 **確定** 鈕，這時會於 **屬性欄** 窗格 ⇄ **交互設置** 項目中發現建立的交互行為。

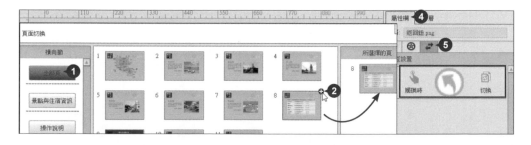

---

point

關於地圖顯示狀態

1. 目前在本機以及預覽畫面時，地圖畫面的位置只會顯示在畫面左上角小區塊。如果想要完整瀏覽地圖顯示狀態，建議以實機進行預覽，即可看到完整的地圖畫面。

2. 於 **屬性欄** 窗格 ⚙ \ **功能設置** 項目中，**搜索地圖** 欄位中輸入地址的時候，一定要輸入正確的地址，才能找尋到該地圖的位置。

插入地圖與地址

我們要在頁面中產生一個地圖的畫面，只要輸入相關的地址，就能顯示該地點的位置。

01 於 **插入** 索引標籤選按 **地圖**，即會產生一個地圖的畫面，透過地圖畫面四周的白色控點調整大小，然後將滑鼠指標移到上方呈 ✛ 狀，按滑鼠左鍵不放拖曳至適當位置擺放即可。

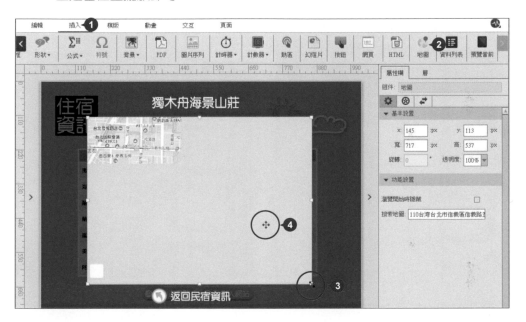

02 開啟本章範例原始檔 <民宿資訊.txt>，選取 "獨木舟海景山莊" 中的地址後，按一下滑鼠右鍵選按 **複製**；接著選取地圖畫面，於 **屬性欄** 窗格 ⚙ \ **功能設置** 項目中，**搜索地圖** 欄位刪除預設地址後，再按一下滑鼠右鍵 **貼上**，按 Enter 鍵，即可看到地圖畫面已顯示該地點的位置。

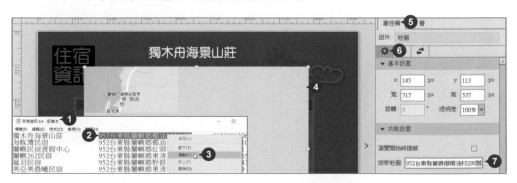

複製並修改其他的地圖位置頁面

完成第一個地圖位置頁面後，接下來就利用複製、貼上動作產生另外六個地圖位置的頁面，並修改成相關內容。

01 於 **縮略圖** 窗格 \ **景點與住宿資訊** 節中選按第 9 頁，先按一下滑鼠右鍵選按 **複製頁**，再按一下滑鼠右鍵選按 **貼上頁**，接著連續選按六次 **貼上頁**，產生共七頁的地圖位置頁面。

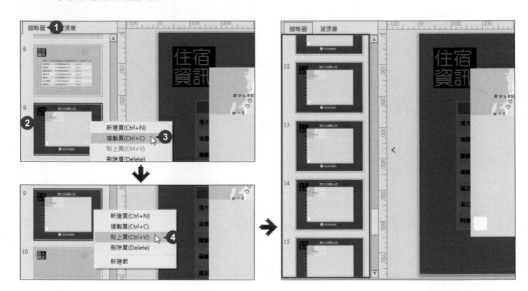

02 於 **縮略圖** 窗格 \ **景點與住宿資訊** 節中選按第 10 頁，開啟本章範例原始檔 <民宿資訊.txt>，複製 "海豚灣民宿" 景點文字後，返回第 10 頁，於上方貼上相關文字。

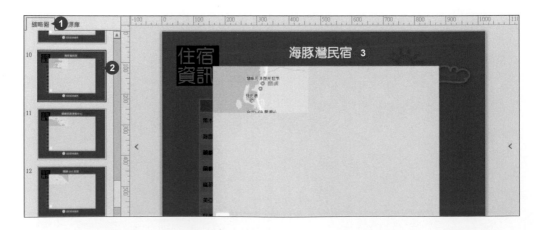

選取中間地圖畫面，開啟本章範例原始檔 <民宿資訊.txt>，複製 "海豚灣民宿" 中的地址後，於 **屬性欄** 窗格 **✿** \ **功能設置** 項目中，刪除 **搜索地圖** 欄位內的地址後，按一下滑鼠右鍵 **貼上**，再按 Enter 鍵，更換地址位置。

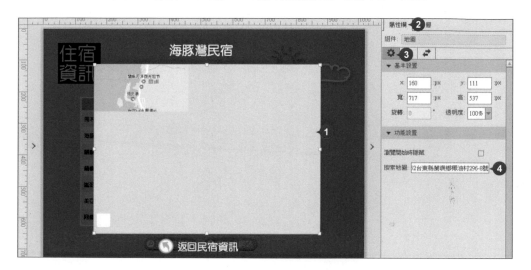

04 依照相同操作，參考下表分別為其他地圖頁面，利用 <民宿資訊.txt> 中的文字，並更換相關民宿名稱與地址內容。

頁數	民宿名稱	地址
第 11 頁	蘭嶼民宿渡假中心	952台東縣蘭嶼鄉紅頭村3號
第 12 頁	蘭嶼262民宿	952台東縣蘭嶼鄉東清村野銀村16號
第 13 頁	嵐羽民宿	952台東縣蘭嶼鄉野銀197-3號
第 14 頁	美亞美晨曦民宿	952台東縣蘭嶼鄉東清村68號
第 15 頁	阿優伊民宿	952台東縣蘭嶼鄉野銀村125號

插入地圖圖案

在 "住宿資訊" 頁面上，佈置地圖的圖案，透過交互行為功能設定，只要選按就能顯示該民宿地圖位置的頁面。

01 於 **縮略圖** 窗格 \ **景點與住宿資訊** 節中選按第 8 頁切換到該頁面後，再於 **資源庫** 窗格 \ **圖片** 資料夾，在 **GoogleMaps.png** 圖片上按滑鼠左鍵不放拖曳到頁面中第一個民宿名稱右側 "地圖位置" 欄位擺放，並調整合適的位置與大小。

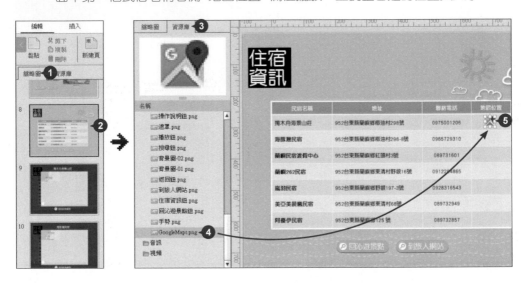

02 請依相同方式，再於 **資源庫** 窗格 \ **圖片** 資料夾，拖曳六個 **GoogleMaps.png** 圖片到其他六個民宿名稱右側 "地圖位置" 欄位擺放。

03 接著按 Ctrl 鍵不放，選取全部 **GoogleMaps.png** 圖片，再於圖片上按一下滑鼠右鍵，選按 **水平居中對齊**，讓圖片可以對齊方式呈現。

修改地圖圖案的層名稱

為了待會設定交互行為能夠快速辨認地圖位置圖案所屬民宿地點，透過 **層** 窗格，為 **GoogleMaps.png** 圖片名稱修改名稱，例如：民宿1-GoogleMaps，其他可以參考下圖進行調整。

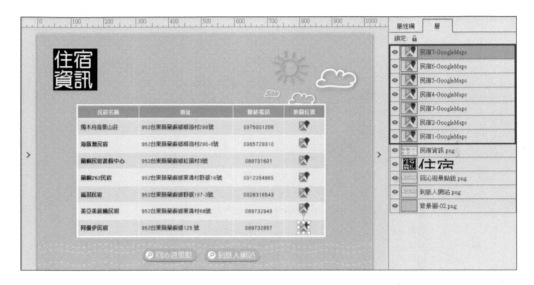

地圖圖案的交互行為設定

接下來要為全部的地圖圖案設定，選按後，可切換到該民宿地圖頁面的交互行為。

01 選取第一個民宿的地圖圖案，於 **交互** 索引標籤 **事件** 項目選按 **觸摸時**，對象選按 **民宿1-GoogleMaps**，**動作** 項目選按 **切換**。

02 在出現的 **頁面切換** 對話方塊中，先選按 **橫向節：全部頁** 鈕，再選按第 9 頁右上角 ➕ 鈕，即產生於 **所選擇的頁** 項目中，接著按 **確定** 鈕，這時會於 **屬性欄** 窗格 🔁 \ **交互設置** 項目中發現建立的交互行為。

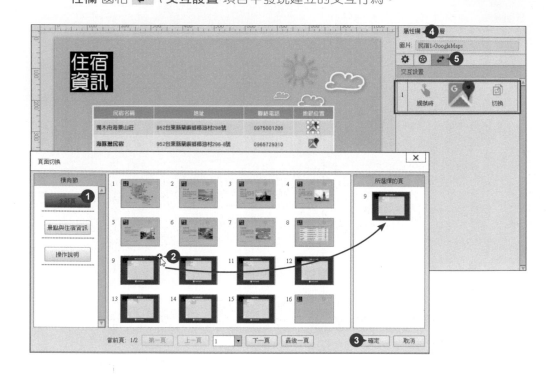

03 依照相同操作，參考下表分別為 **民宿2-GoogleMaps**、**民宿3-GoogleMaps**、**民宿4-GoogleMaps**、**民宿5-GoogleMaps**、**民宿6-GoogleMaps**、**民宿7-GoogleMaps** 地圖圖案均設定 **切換** 交互行為，並選擇相關的地圖頁面。

地圖圖案名稱	事件	對象	動作	所選擇的頁
民宿2-GoogleMaps	觸摸時	民宿2-GoogleMaps	切換	10
民宿3-GoogleMaps	觸摸時	民宿3-GoogleMaps	切換	11
民宿4-GoogleMaps	觸摸時	民宿4-GoogleMaps	切換	12
民宿5-GoogleMaps	觸摸時	民宿5-GoogleMaps	切換	13
民宿6-GoogleMaps	觸摸時	民宿6-GoogleMaps	切換	14
民宿7-GoogleMaps	觸摸時	民宿7-GoogleMaps	切換	15

電話撥號功能設計

交互行為的設定項目中加入撥打電話新功能，讓您可以透過按鈕的互動設置，就能立即撥打電話，在此將透過熱區交互行為，完成撥號設定。

佈置文字

先於 **縮略圖** 窗格 \ **景點與住宿資訊** 節中選按第 8 頁，於 **插入** 索引標籤選按 **文本** \ **橫排文本框**，參考下圖進行文字框佈置、文字格式與位置調整。

為民宿聯絡電話加入熱區

在這個住宿資訊頁面中，設計只要選按電話號碼，就能立即撥打電話的功能，可參考以下操作說明：

01 於 **插入** 索引標籤選按 **熱區**，立刻在地圖上產生淡藍色的矩形 **熱區1**，拖曳到第一個民宿聯絡電話上方，並利用四周白色控點縮放至能夠覆蓋文字的大小。

02 依照相同方式，同樣為第二個~
第七個民宿聯絡電話上方，也
建立 **熱區2~熱區7**。

修改聯絡電話熱區的層名稱

為了能夠快速辨認聯絡電話所屬熱區，
透過 **層** 窗格，在熱區名稱前方再加上
民宿，例如：民宿1-熱區1，其他可以
參考右圖進行調整。

聯絡電話上方熱區的交互行為設定

熱區佈置完後，接下來要在這些熱區上設定，選按聯絡電話後，即可利用手機撥號
的交互行為。

 01 選按第一個民宿聯絡電話上的 **民宿1-熱區1**，於 **交互** 索引標籤 **事件** 項目選按
觸摸時，**對象** 選按 **民宿1-熱區1**，**動作** 項目選按 **呼叫電話**。

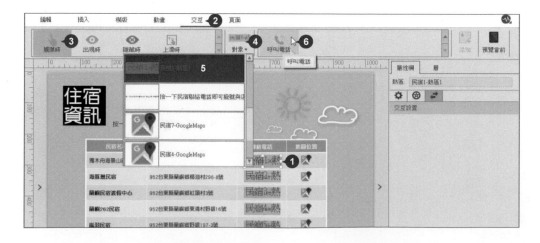

02 開啟本章範例原始檔 <民宿資訊.txt>，選取第一個民宿的聯絡電話，按一下滑鼠右鍵選按 **複製**，回到軟體頁面中，於出現的 **輸入電話號碼** 對話方塊欄位上按 `Ctrl` + `V` 鍵貼上，再按 **確定** 鈕，接著於 **屬性欄** 窗格的 **交互設置** 項目中會發現建立的交互行為。

03 依照 **民宿1-熱區1** 操作，參考下表，為其他六個熱區建立呼叫電話的交互行為。

設定	事件	對象	動作	聯絡電話
民宿2-熱區2	觸摸時	民宿2-熱區2	呼叫電話	0965729310
民宿3-熱區3	觸摸時	民宿3-熱區3	呼叫電話	089731601
民宿4-熱區4	觸摸時	民宿4-熱區4	呼叫電話	0912284865
民宿5-熱區5	觸摸時	民宿5-熱區5	呼叫電話	0928316543
民宿6-熱區6	觸摸時	民宿6-熱區6	呼叫電話	089732949
民宿7-熱區7	觸摸時	民宿7-熱區7	呼叫電話	089732857

04 針對頁面下方的 **回沁遊景點** 鈕，參考 P4-10 頁的操作步驟，設定選按後，切換至 "沁遊景點" 的地圖頁面。

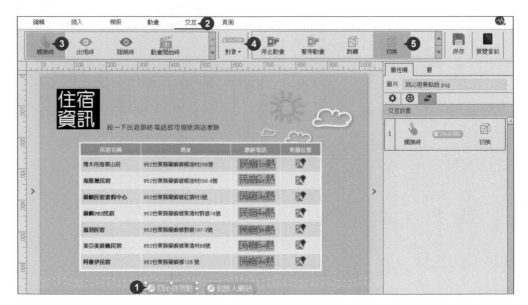

05 選取頁面下方的 **到旅人網站** 鈕，一樣參考 P4-10 頁的操作步驟，設定選按後，切換至 "旅人網站" 的頁面，在出現的 **頁面切換** 對話方塊中，選按 **橫向節：全部頁** 鈕，再選按第 16 頁 右上角 ⊕ 鈕，即產生於 **所選擇的頁** 項目中，按 **確定** 鈕即完成。

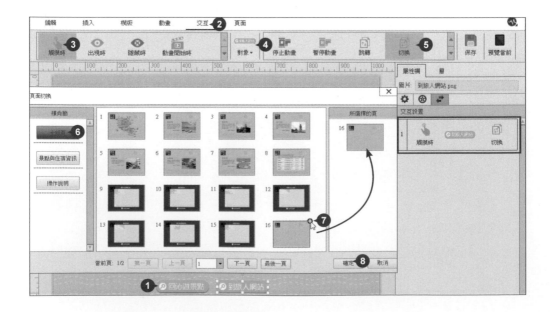

4.8 插入網頁與音頻

透過連結到其他外部網址與插入音樂的動作，可以讓作品的呈現更豐富，也更多元化。

插入網頁

01 於 **縮略圖** 窗格 \ **景點與住宿資訊** 節中選按第 16 頁，先於 **插入** 索引標籤選按 **網頁**，在 "旅人網站" 頁面產生一個網站畫面，接著於 **屬性欄** 窗格 ⚙ \ **功能設置** 項目中，**URL** 欄位輸入「http://www.e-happy.com.tw/lanyu/」，按 **應用** 鈕。

02 透過網站畫面四周的白色控點調整大小，然後將滑鼠指標移到上方呈 ✛ 狀，按滑鼠左鍵不放拖曳至適當位置擺放即可。

03 針對頁面中的 **回沁遊景點** 鈕，參考 P4-10 頁的操作步驟，設定選按後，切換至 "沁遊景點" 的地圖頁面。

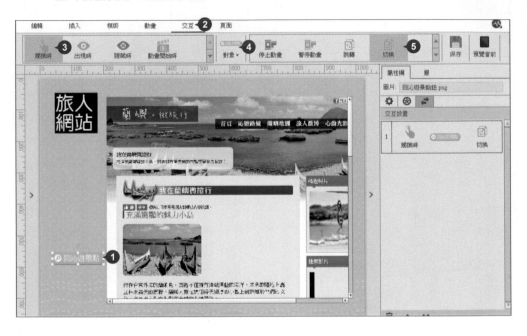

插入音頻

我們想在作品一開啟時，除了映入眼簾的拼板舟圖片外，還有一陣陣的海浪聲。

01 於 **縮略圖** 窗格 \ **啟動頁** 節中選按該頁，然後於 **插入** 索引標籤選按 **音頻**，在對話方塊中開啟本章範例原始檔 <beach.mp3>。

頁面中會產生一個聲音圖示,在選取的狀態下,按滑鼠左鍵不放拖曳到適當
位置,然後於 **屬性欄** 窗格 ⚙ \ **功能設置** 項目中,核選 **瀏覽開始時隱藏** 與
瀏覽開始時播放音訊,最後於 **插入** 索引標籤右側選按 **預覽當前**。

這時當出現作品的啟始頁,會聽到陣陣的海浪聲,就表示音樂插入成功!

製作操作說明頁面

透過說明頁面，讓使用者在執行作品之前，可以對頁面上安排的內容或元件有一個概念，以方便後續操作。

佈置元素

我們先透過遮色片、文字及圖示佈置出一個基本的操作說明頁面。

01 於 **縮略圖** 窗格 \ **操作說明** 節中選按第 17 頁切換到該頁面。

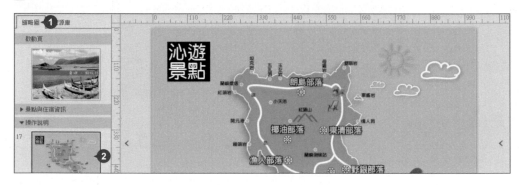

02 於 **資源庫** 窗格 \ **圖片** 資料夾，在 **遮罩.png** 圖片上按滑鼠左鍵不放拖曳到頁面中，利用 **屬性欄** 窗格 ⚙ \ **基本設置** 項目設定 **x**、**y** 與 **透明度**。(可利用 **編輯** 索引標籤中的 🔲 **水平居中對齊**、📑 **垂直居中對齊**，即可將圖片擺放至正中央的位置。)

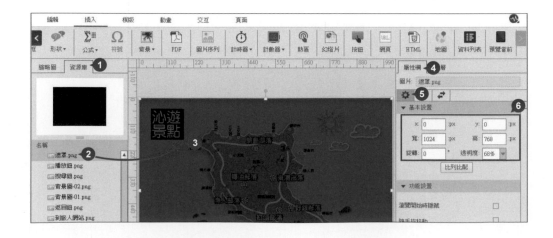

03 於 **插入** 索引標籤選按 **文本 \ 橫排文本框**，參考下圖進行三個文字框佈置與格式調整，其中文字部份可以開啟本章範例原始檔 <操作說明.txt> 進行複製與貼上。

字型：華康圓體 **Std W7**、字型大小：**60**、字型顏色：**FFFFFF**

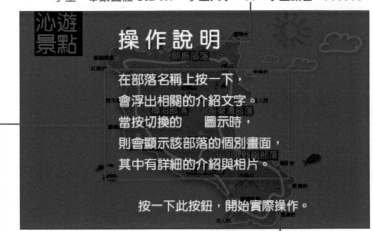

字型：華康圓體 **Std W5**、字型大小：**36**、
字型顏色：**FFFFFF**

字型：華康圓體 **Std W5**、字型大小：**35**、
字型顏色：**FFFFFF**

04 於 **資源庫** 窗格 \ **圖片** 資料夾，分別拖曳 **手勢.png**、**返回鈕.png** 與 **播放鈕.png** 三個圖片到頁面上，參考下圖進行大小與位置的調整，其中選取 **手勢.png** 後，可以按綠色控點不放，向右旋轉調整合適的角度。

手勢.png

返回鈕.png

播放鈕.png

加入動畫

透過動畫設定，讓手指呈現晃動效果、頁面下方的文字與返回鈕圖片呈現上浮效果。

01 選取 **手勢.png** 後，於 **動畫** 索引標籤選按 **蹺蹺板** 動畫，按 **添加** 鈕，然後於 **屬性欄** 窗格 ⚙ \ **動畫設置** 項目中核選 **瀏覽開始時播放動畫**，讓頁面在一開始瀏覽時，手指即會左右晃動。

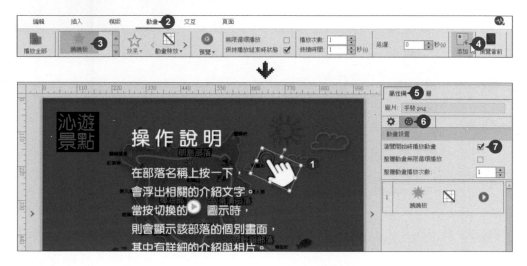

02 一樣在 **動畫** 索引標籤狀態下，為頁面下方的文字與返回鈕圖片，均套用 **上浮** 的 **浮入** 動畫，並同樣設定 **延遲：0.50 秒**。

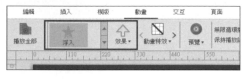

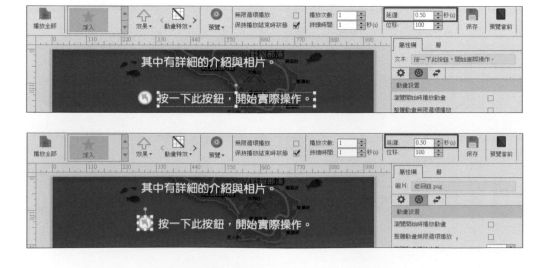

03 因為希望這二個上浮動畫可以在該頁瀏覽時先隱藏，所以分別選取文字與返回鈕圖片後，於 **屬性欄** 窗格的 ⚙ **\功能設置** 項目中核選 **瀏覽開始時隱藏** 即可。

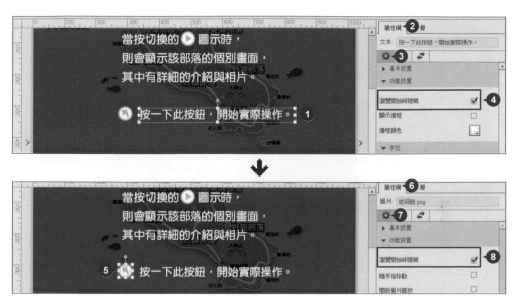

設置交互行為

透過交互功能的設定，讓手指在晃動結束前，浮出下方文字與返回鈕圖片，並可以在按返回鈕圖片後，切換至 "沁遊景點" 地圖頁面。

01 選取 **手勢.png** 後，於 **交互** 索引標籤 **事件** 項目選按 **動畫開始時**，在出現的對話方塊按 **確定** 鈕，接著 **對象** 選按 **按一下此按鈕，開始實際操作**，**動作** 項目選按 **播放單個動畫**，在出現的對話方塊按 **確定** 鈕。

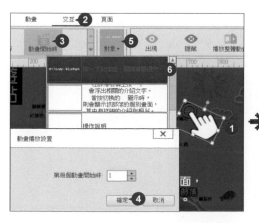

02 在選取 **手勢.png** 狀態下，參考前一個交互內容，除了將 **對象** 調整為 **返回鈕.png** 外，其他維持相同設定，建立另一個 **動畫開始時**、**播放單個動畫** 的交互行為。

03 選取返回鈕圖片，於 **交互** 索引標籤 **事件** 項目選按 **觸摸時**，**對象** 選按 **返回鈕.png**，**動作** 項目選按 **切換**，在出現的對話方塊中，於 **橫向節：全部頁** 選按第 1 頁右上角 ➕ 鈕，然後按 **確定** 鈕。

04 在 **縮略圖** 窗格 \ **景點與住宿資訊** 節中選按第 1 頁,於 **層** 窗格選按 **操作說明鈕.png** 圖層,再於 **交互** 索引標籤 **事件** 項目選按 **觸摸時**,**對象** 選按 **操作說明鈕.png**,**動作** 項目選按 **切換**。

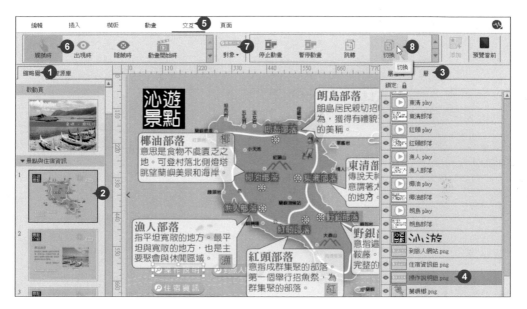

05 於 **橫向節:操作說明**,選按第 17 頁右上角 ➕ 鈕,即產生於 **所選擇的頁** 項目中,然後按 **確定** 鈕。

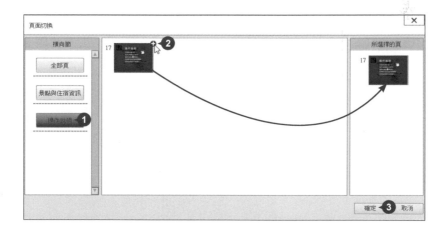

06 接著於 **層** 窗格選按 **到旅人網站鈕.png** 圖層，於 **交互** 索引標籤 **事件** 項目選按 **觸摸時**，**對象** 選按 **到旅人網站鈕.png**，**動作** 項目選按 **切換**，在出現的對話方塊中，於 **橫向節：景點與住宿資訊** 選按第 16 頁右上角 ➕ 鈕，然後按 **確定** 鈕。

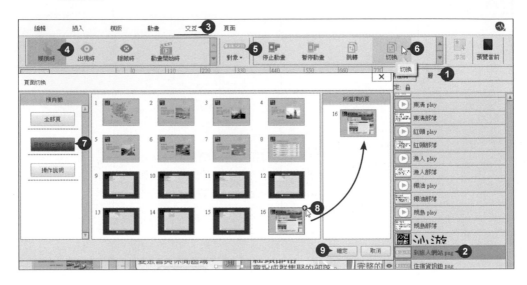

07 最後於 **層** 窗格選按 **住宿資訊鈕.png** 圖層，於 **交互** 索引標籤 **事件** 項目選按 **觸摸時**，**對象** 選按 **住宿資訊鈕.png**，**動作** 項目選按 **切換**，在出現的對話方塊中，於 **橫向節：景點與住宿資訊** 選按第 8 頁右上角 ➕ 鈕，然後按 **確定** 鈕，如此即完成整個範例的製作。

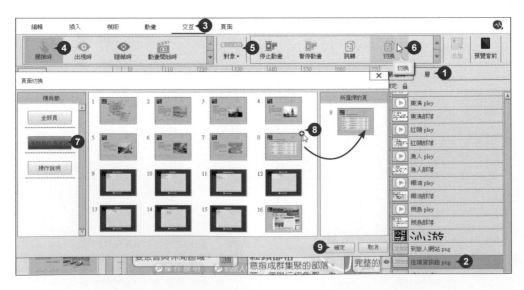

隨堂練習

選擇題

1. (　　) 多張圖片如果想要以左右滑動方式切換並瀏覽時，可以於 **模版** 索引標籤 \
   圖文 項目之下選按何項功能？
   (A) **圖片橫滑序列**　　(B) **橫向滑動目錄**
   (C) **圖片橫滑切換**　　(D) **圖文 \ 橫向滾動圖片**

2. (　　) 想要運用氣泡類型的文字框佈置頁面內容時，可以選按何種功能？
   (A) **編輯** 索引標籤 \ **文本**　　(B) **編輯** 索引標籤 \ **新建**
   (C) **插入** 索引標籤 \ **文本**　　(D) **插入** 索引標籤 \ **形狀**

3. (　　) 如果想知道物件套用的交互行為內容時，可以選取該物件後，於 **屬性欄**
   窗格中選按何處查看？
   (A) ⚙ 基本設置　　(B) ⊕ 動畫設置　　(C) ⇄ 交互設置　　(D) 以上皆非

4. (　　) 插入地圖後如果要自訂地址，可以於 **屬性欄** 窗格 ⚙ 設定哪個項目？
   (A) 搜尋地圖　　(B) 搜尋地址　　(C) 輸入地圖　　(D) 輸入地址

5. (　　) 插入網頁後如果要自訂位址，可以於 **屬性欄** 窗格 ⚙ 設定哪個項目？
   (A) **WEB**　　(B) **URL**　　(C) **LINK**　　(D) **MAIL**

實作題

請依下述提示完成作品："猴硐貓村"。

1. 在第 2 頁插入 **圖文 \ 圖片橫滑切換** 模版，將預
   設圖片更換為 <photo01.jpg>~<photo04.jpg>。

2. 在第 3 頁插入一個「http://okgo.tw/butyview.
   html?id=2778」網頁，並調整成適當大小。

3. 為第 1 頁的文字與貓爪設定 **浮入** 動畫，然後設定
   瀏覽開始時進行隱藏 與 **瀏覽開始時播放動畫**。

4. 在第 1 頁中，為二張圖片的文字分別加上熱區，
   然後建立 **觸摸時**、**切換** 的交互行為。

5

Chapter

學習主題

音樂實用 App
鋼琴練習曲

學習重點

插入 GIF 動畫圖片‧設計鋼琴音效

插入圖片序列‧加入圖片序列

控制圖片序列播放

5.1 專案發想與規劃

鋼琴遊戲是最常見的音樂類型 App，透過熱區的交互行為控制 GIF 圖片及音效的播放，搭配上圖片序列的樂譜，就可以輕鬆完成互動式鋼琴 App。

音樂遊戲類型中，鋼琴項目是最多人會下載的 App 音樂遊戲，因為它操作簡單、又不複雜，所以在 App Store 和 Google Play 商店上都有不少此類型的項目，在本範例中將利用 Smart Apps Creator 軟體製作出質感超優的音樂 App 遊戲。

本範例著重在 GIF 圖片與圖片序列的應用，舉凡按琴鍵時的互動效果或是音效播放，還有遊戲過程中的樂譜動畫的控制，以交互行為設計出互動式的音樂 App。以下即是這個範例的製作流程：

5.2 鋼琴遊戲畫面及應用素材的設計說明

製作遊戲之前,除了基本的畫面外,會提到的 GIF 動畫,或是要使用的圖片序列圖片,這些素材都必須事先準備好。

製作鋼琴按鍵的動畫

利用影像軟體製作好鋼琴遊戲主畫面後,接下來利用 GIF 動畫圖片製作鋼琴按鍵按下去呈現藍色反應的彈奏效果。

由於只要做出閃爍一下的效果,所以在 GIF 動畫圖片中只須用到三個影格,除了第 2 個影格為琴鍵形狀外,第 1 、3 影格皆為透明 (如右圖)。

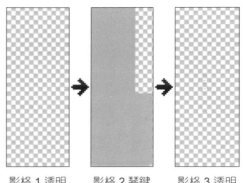

影格 1 透明　　　影格 2 琴鍵　　　影格 3 透明

由於鋼琴按鍵形狀是重複的,所以只需要完成如下圖的三個 GIF 動畫,之後只要插入到 Smart Apps Creator 軟體中就可以重複運用。

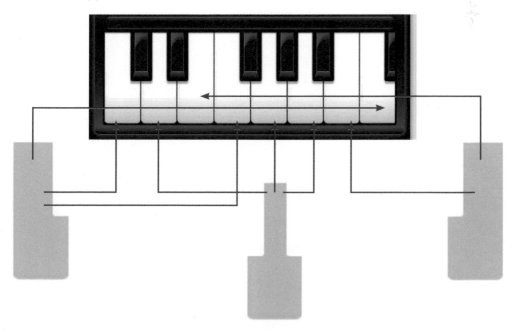

製作圖片序列要用的圖片

在 Smart Apps Creator 裡，只要匯入製作好的圖片，就可以透過 **圖片序列** 功能自動幫您完成一系列的動畫圖片。

在本範例中利用圖片出現的紅點協助玩家彈出一首簡單的歌曲，請利用影像軟體畫出音階的提示位置，製作出如下圖片。(音階提示位置必須正對好琴鍵的位置，可增加一空白提示，插入重覆彈奏的音階中，以方便正確彈出樂譜。)

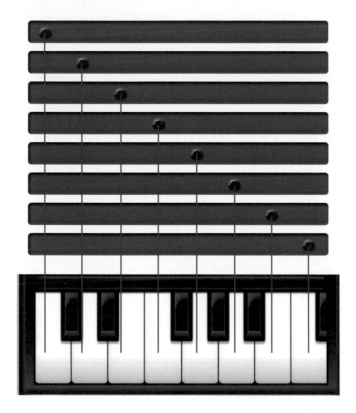

找尋遊戲中需要的鋼琴音效

開啟瀏覽器並連結至「http://www.
freesound.org」網站，經由註冊後您可
以在此網站搜尋並下載所需要的鋼琴音
效 (此網站採創用 CC 授權方式)，下載
完成後，再將音效製作成想要的長度或
是速度，存成 MP3 格式即可。

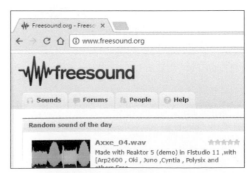

5.3 設計鋼琴互動效果與插入音效

準備好前一節提到的應用素材,接下來就可以開始將這些素材匯入使用,完成 "鋼琴練習曲" 的遊戲設計。

插入 GIF 動畫圖片

插入製作好的 GIF 動畫圖片,並擺放到正確的琴鍵位置,等到建立交互行為後,就可以做出彈奏時的特效動畫。

01 於軟體左上角選按 **Smart \ 打開**,在對話方塊中開啟本章範例原始檔 <鋼琴練習曲.ahl>,會看到已佈置好的基本環境。

02 收起左側窗格,於 **插入** 索引標籤選按 **圖片**,在對話方塊中開啟本章範例原始檔 <素材 \ 按鍵_01.gif>。

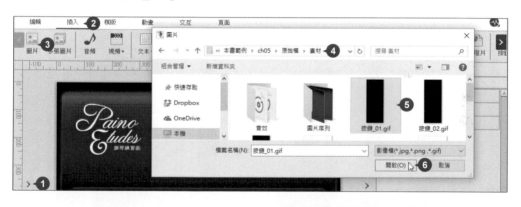

03 拖曳 **按鍵_01.gif** 圖片擺放至鋼琴最左側的第一個琴鍵位置。(過程中可以於畫面右下角選按 ➕、➖ 圖示,縮放工作區域大小至合適的比例,讓您擺放圖片時較能精準對齊。)

04 依照相同操作，一樣於 **插入** 索引標籤選按 **圖片**，分別在對話方塊中開啟本章範例原始檔 <按鍵_02.gif> 與 <按鍵_03.gif>，並參考下圖擺放至合適位置。

<按鍵_02.gif>　　　　　　　　　　　　　　<按鍵_03.gif>

05 打開左側窗格，於 **資源庫** 窗格拖曳 **按鍵_01.gif**、**按鍵_02.gif**、**按鍵_03.gif** 圖片，參考下圖擺放至後方五個相對應的琴鍵上。

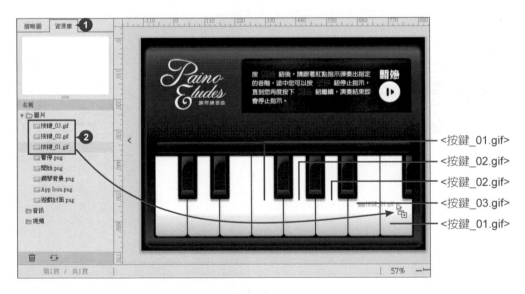

06 利用 Ctrl 鍵選取所有按鍵 GIF 圖片，於 **編輯** 索引標籤選按 **下對齊**，接著選按 **預覽當前**，再依預覽器觀察到的結果微調位置。

07 於 **屬性欄** 窗格 ✿ \ **功能設置** 項目中，取消核選每一個按鍵 GIF 圖片的 **瀏覽開始時自動播放** 及 **循環播放** 項目，再核選 **修正 gif 類型**，最後在 **層** 窗格依音階名稱重新命名圖層名稱。

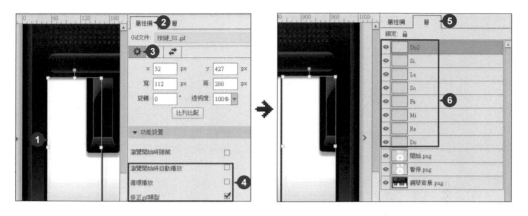

插入音效及設定琴鍵的交互行為

在 GIF 圖片上方設置當玩家觸摸時，會播放該動畫的交互行為，看起來就像是真的在彈鋼琴一樣。

01 於 **插入** 索引標籤選按 **音頻**，在對話方塊中開啟本章範例原始檔 <素材 \ 音效 \ Do.mp3>。

02 拖曳 **Do.mp3** 擺放至對應鍵盤的下方，選按 **Do** 圖片後，於 **交互** 索引標籤 **事件項目** 選按 **觸摸時**，**對象** 選按 **Do.mp3**，**動作** 項目選按 **播放**，再按 **添加**。

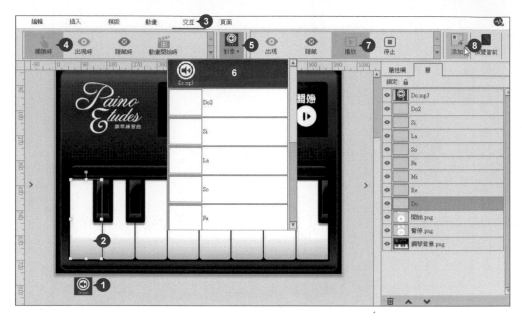

03 繼續選取 **Do** 圖片的狀態下，於 **交互** 索引標籤 **事件** 項目選按 **觸摸時**，**對象** 選按 **Do**，**動作** 項目選按 **播放**，再選按 **添加** 建立交互行為。

04 依照相同操作，將音頻 <Re.mp3> 插入並擺放至對應位置，選按 **Re** 圖片，於 **交互** 索引標籤分別建立二個 **事件項目** 選按 **觸摸時**、**對象** 選按 **Re.mp3** 及 **Re**，**動作項目** 選按 **播放** 的交互行為。

05 接著再繼續建立其他 GIF 動畫與音效的交互行為，完成所有鋼琴音階的設定。回到編輯區後，可選按 **預覽當前** 測試一下設置的項目是否運行無誤，如無問題即可關閉預覽器。

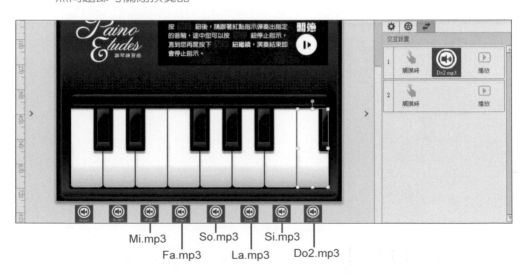

5.4 加入圖片序列

在 Smart Apps Creator 軟體中，透過 **圖片序列** 將製作好的素材圖片全部插入並製作成動態圖片，讓您輕鬆就能做出動畫效果。

利用先前準備好的圖片素材，製作出一張音階彈奏指示的動態圖片，只要幾個指令即可輕鬆完成。(以下操作可以參考本章範例原始檔 <兩隻老虎樂譜.txt> 做出圖片序列效果)

01 於 **插入** 索引標籤選按 **圖片序列**，在對話方塊中開啟本章範例原始檔 <素材 \ 圖片序列 \ 0空白.png> ~ <3Mi.png>。

02 在兩隻老虎的樂譜中，第四個音階是 Do，所以要繼續添加之後的音階位置，於 **導入圖片序列** 對話方塊中先選按最後一張圖片，再選按 **添加** 鈕。

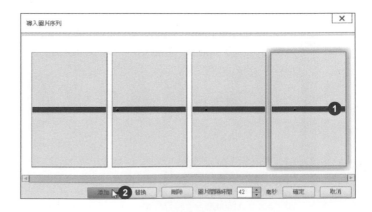

03 在對話方塊中開啟本章範例原始檔 <素材 \ 圖片序列 \ 1Do.png>。

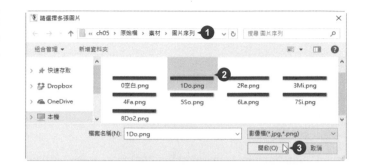

04 依照相同操作，參考本章範例原始檔 <兩隻老虎樂譜.txt> 完成 "兩隻老虎" 整首樂譜的音階指示 (建議一張張依序插入，避免因為連續選取而導致音階前後順序跑掉)，並設定 **圖片間隔時間：800 毫秒**，過程中可以加入 <0空白.png> 圖片當成間奏或是重複音階中的間隔指示，最後按 **確定** 鈕。

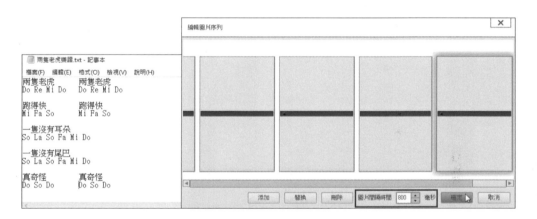

05 於 **屬性欄** 窗格 ✿ \ **功能設置** 項目中取消核選 **瀏覽開始時自動播放** 及 **循環播放**，接著拖曳至如圖合適的位置上擺放。

如果要增刪圖片序列的內容時，可以在選取狀態下，按一下滑鼠右鍵選按 **編輯圖片序列**。

5.5 控制圖片序列的播放

圖片序列除了預設的自動播放外，也可以設計成在播放過程中，透過手動方式進行暫停或播放。

在範例中已預先插入開始與暫停二張圖片，利用這二張圖片分別設計開始播放與暫停播放的按鈕。

01 首先在畫面中設定暫停鈕為隱藏狀態，於 **層** 窗格選按 **暫停.png** 圖層，接著於 **屬性欄** 窗格 ✿ \ **功能設置** 項目中核選 **瀏覽開始時隱藏**。

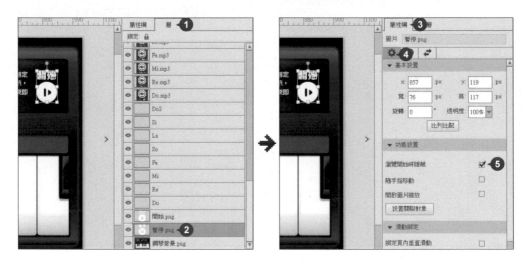

02 首先設置開始鈕的交互行為，在 **層** 窗格選按 **開始.png**，接著於 **交互** 索引標籤 **事件** 項目選按 **觸摸時**，**對象** 選按 **圖片序列**，**動作** 項目選按 **播放**，按 **添加**。

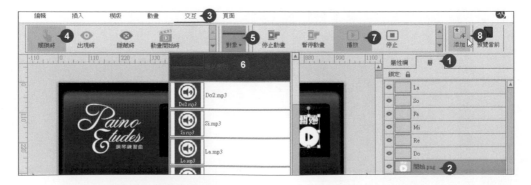

03 繼續在選取 **開始.png** 狀態下，於 **交互** 索引標籤 **事件** 項目選按 **觸摸時**，對象 選按 **開始.png**，**動作** 項目選按 **隱藏**，按 **添加**。

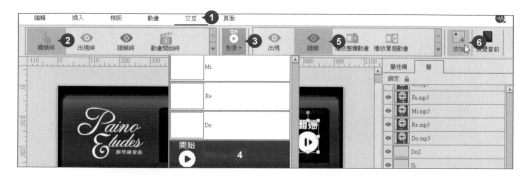

04 繼續在選取 **開始.png** 狀態下，於 **交互** 索引標籤 **事件** 項目選按 **隱藏時**，對象 選按 **暫停.png**，**動作** 項目選按 **出現**，按 **添加**，這樣就完成按下開始鈕後，圖片序列開始播放並且出現暫停鈕。

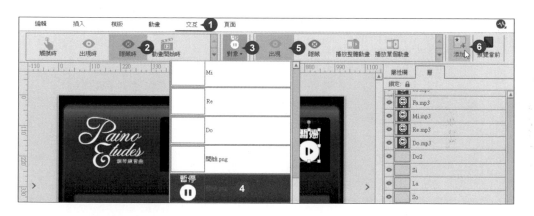

05 接著設置暫停鈕的交互行為，先在 **層** 窗格選按 **暫停.png**，接著於 **交互** 索引標籤 **事件** 項目選按 **觸摸時**，對象 選按 **圖片序列**，**動作** 項目選按 **暫停**，按 **添加**。

06 繼續在選取 **暫停.png** 狀態，於 **交互** 索引標籤 **事件** 項目選按 **觸摸時**，對象 選按 **暫停.png**，動作 項目選按 **隱藏**，按 **添加**。

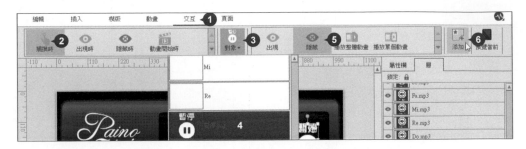

07 繼續在選取 **暫停.png** 狀態，於 **交互** 索引標籤 **事件** 項目選按 **隱藏時**，對象 選按 **開始.png**，動作 項目選按 **出現**，按 **添加** 就完成圖片序列的播放控制。

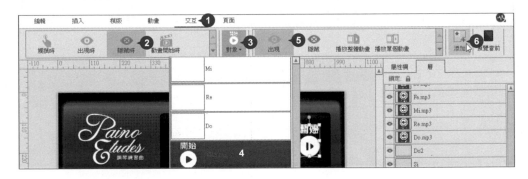

08 最後於 **層** 窗格選按 **圖片序列** 圖層，分別於 **交互** 索引標籤設定 **播放結束時**、 對象：**暫停.png**、**隱藏** 及 **播放結束時**、對象：**開始.png**、**出現**。全部完成後 於 **編輯** 索引標籤可以選按 **從頭預覽** 測試一下設置的項目是否運行無誤，即完 成本範例製作。

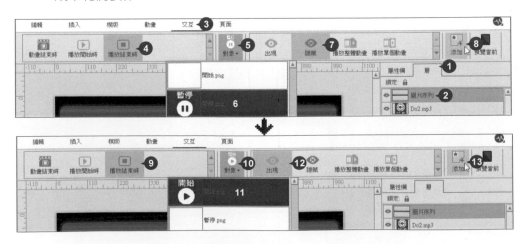

隨堂練習

選擇題

1. (　) 若要讓 GIF 動畫圖片以交互行為來控制其播放過程，需在插入後取消何
種功能設置？
   (A) 瀏覽開始時隱藏　　(B) 瀏覽開始時自動播放
   (C) 循環播放　　　　　(D) 修正 gif 類型

2. (　) 在插入本地音頻功能時，必須使用何種格式的檔案？
   (A) MP3　(B) WAV　(C) AVI　(D) MIDI

3. (　) 在交互行為中，如要指定 GIF 動畫圖片播放時，需在動作項目中下何種
指令？
   (A) 播放整體動畫　(B) 播放單個動畫　(C) 停止動畫　(D) 播放

4. (　) 以下何種功能可以將數張圖片合併成為單一動畫圖片？
   (A) 圖片序列　(B) PDF　(C) 背景　(D) HTML

5. (　) 以下何種功能不是在導入圖片序列時，可以執行的動作？
   (A) 添加　(B) 替換　(C) 圖片間隔時間　(D) 變形

實作題

請依下述提示完成作品："機器人舞台秀"。

1. 在「舞台頁面」節頁面中，於 插入 索引標籤選
按 圖片序列，開啟 <圖片序列> 資料夾中全部的
圖片、圖片間隔時間：120 毫秒，接著取消 瀏覽
開始時自動播放，再擺放至合適位置。

2. 在「舞台頁面」節頁面中插入 <Start.png> 和
<Pause.png> 圖片，分別設定圖片序列的 播放
與 暫停 交互行為。

3. 在「舞台頁面」節頁面中插入 <掌聲鼓勵.mp3>
並放至頁面外圍，設定播放圖片序列時就播放音
效，圖片序列暫停時也跟著暫停播放。

6

Chapter

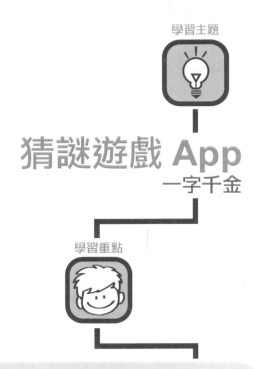

學習主題

猜謎遊戲 App
一字千金

學習重點

佈置幻燈片、文字與圖片

佈置熱區‧設置隨手移動圖片

文字輸入框‧全局計時器與計數器

過關計時器‧入答題音效

6.1 專案發想與規劃

在 "一字千金" 的範例中，除了圖片、文字的基本佈置外，還有隨手指移動回擲的功能，也加入了新功能 **輸入框** 的運用，讓遊戲的內容更加豐富有趣。

曾經有一段時間，不管在 App Store 或 Google Play 商店中，成語猜謎遊戲一直是熱門遊戲排行榜的前幾名，當時讓許多人為之瘋狂的遊戲。如今也可以透過這款 Smart Apps Creator 軟體，製作出簡單的猜成語遊戲 App，讓每個使用者可以重溫學習成語的樂趣，也能更加瞭解每個成語的含意與應用。

這個範例以猜成語單字為製作主題，從一開始的成語字板、成語內容解釋的文字，到後面的拖曳滑動跟熱區互動行為的運用，讓瀏覽者能在操作之中獲得相關的知識，以下即是這個範例的製作流程：

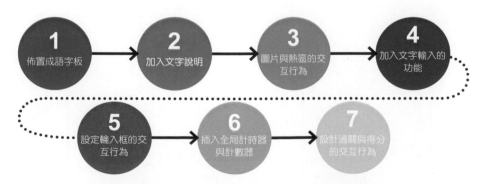

1. 佈置成語字板
2. 加入文字說明
3. 圖片與熱區的交互行為
4. 加入文字輸入的功能
5. 設定輸入框的交互行為
6. 插入全局計時器與計數器
7. 設計過關與得分的交互行為

6.2 佈置幻燈片內容

利用幻燈片的特性，插入一字千金謎題解答所屬的多張圖片，建立出一個物件並佈置在正確的位置上。

01 開啟軟體後於左上角選按 **Smart \ 打開**，在對話方塊中開啟本章範例原始檔 <一字千金.ahl>。

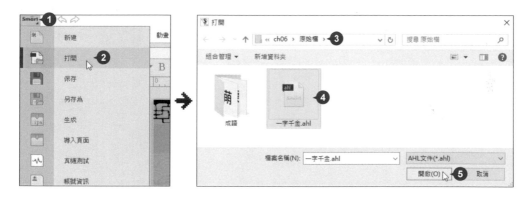

02 開啟 <一字千金.ahl> 原始檔，會看到已佈置好的背景與大小標題文字...等基本環境。

03 於 **縮略圖** 窗格 \ **成語解答** 節中選按第 2 頁。於 **插入** 索引標籤選按 **幻燈片**，在對話方塊中按 Ctrl 鍵不放，選取並開啟本章範例原始檔 <成語 \ 6問號.png> 與 <7叉號.png> 圖片。

04 隨即產生一個幻燈片物件，將滑鼠指標移到上方呈 ✛ 狀，按滑鼠左鍵不放拖曳至合適的位置，除了可以利用鍵盤上的方向鍵，也可以於 **屬性欄** 窗格 ⚙ \ **基本設置** 項目中設定 **x**、**y**，調整至如下圖位置。

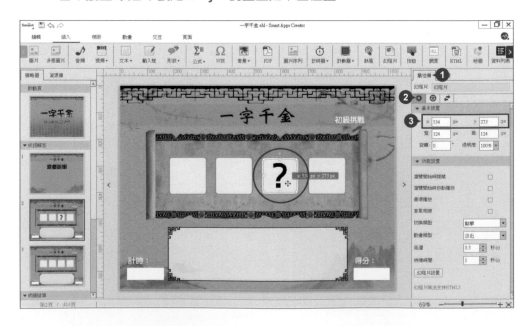

05 繼續選取幻燈片物件，於 **屬性欄** 窗格 ⚙ \ **基本設置** 項目中選按 **幻燈片設置**
鈕，在 **圖片設置** 對話方塊中按一下 ➕ 鈕新增幻燈片圖片。

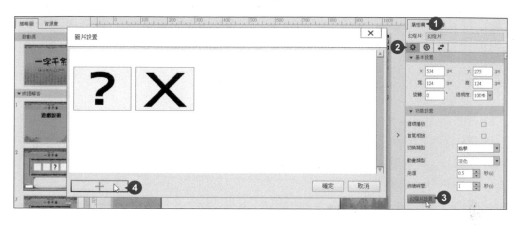

06 在對話方塊中開啟本章範例原始檔 <成語 \ 1-3中.png>，最後再按 **確定** 鈕完
成新增幻燈片圖片的動作。

07 在選取幻燈片物件狀態下，於 **屬性欄** 窗格 ⚙ \ **功能設置** 項目中設定 **切換類**
型：點擊、**動畫類型：淡化**、**延遲：0.5 秒**、**持續時間：0.5 秒**。

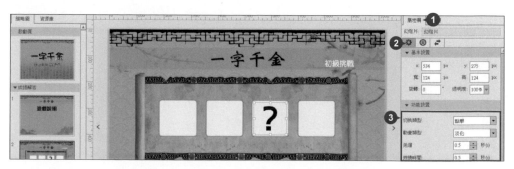

佈置文字與圖片內容

佈置好主要解答用的幻燈片物件後,接著就將遊戲中需要的文字與圖片內容一一擺放。

輸入遊戲說明文字

01 於 **縮略圖** 窗格 \ **成語解答** 節中選按第 1 頁,開啟本章範例原始檔 <成語解釋.txt>,選取遊戲說明所有文字後,按一下滑鼠右鍵選按 **複製**。

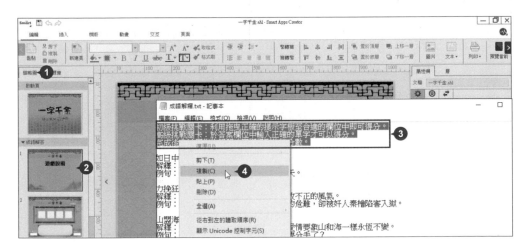

02 回到軟體中,於 **插入** 索引標籤選按 **本文 \ 橫排本文框**,頁面上方即出現文字框,在文字框內先按一下滑鼠左鍵出現輸入線,再按 Ctrl + V 鍵貼上文字,並透過四周白色控點調整大小。

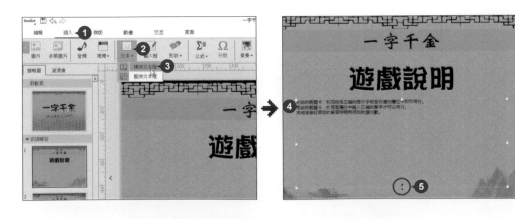

03 選取文字框內的文字，設定合適的字型、字型大小與字型顏色後，於 **屬性欄** 窗格 ⚙ \ **字元** 項目中設定 **行間距**。(文字框大小可以根據內容隨時調整)

04 於 **縮略圖** 窗格 \ **成語解答** 節中選按第 2 頁，複製 <成語解釋.txt> 中的 "如日中天" 解釋內容，於 **插入** 索引標籤選按 **本文** \ **橫排本文框**。

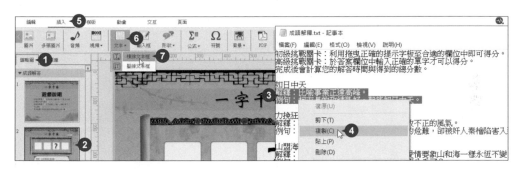

05 在文字框內按一下滑鼠左鍵出現輸入線，再按 **Ctrl** + **V** 鍵貼上文字，選取文字後設定合適的字型、字型大小、字型顏色與 **行間距**。(文字框大小可以根據內容隨時調整)

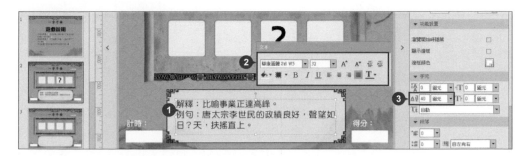

插入外部圖片

01 於 **縮略圖** 窗格 \ **成語解答** 節中選按第 1 頁，於 **插入** 索引標籤選按 **圖片**，在對話方塊中開啟本章範例原始檔 <開始按鈕.png>。

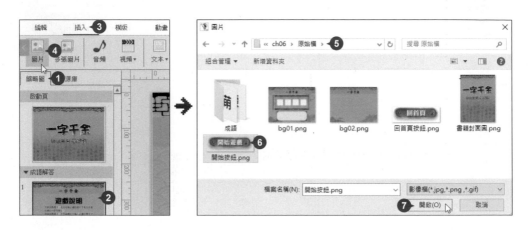

02 將滑鼠指標移到按鈕上方呈 ✛ 狀，按滑鼠左鍵不放拖曳移至合適的位置，最後於 **編輯** 索引標籤選按 ✛ **水平居中對齊**，將按鈕對齊版面中間。

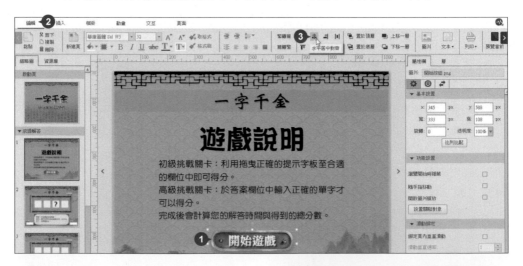

03 接著繼續插入一字千金謎語要運用的圖片，於 **縮略圖** 窗格 \ **成語解答** 節中選按第 2 頁。

04 於 **插入** 索引標籤選按 **圖片**，在對話方塊中開啟本章範例原始檔 <成語 \ 1-1 如.png>。

05 將滑鼠指標移到 "如" 字板上方呈 ✛ 狀，按滑鼠左鍵不放拖曳至合適的位置，再依相同的操作方式分別插入其他的字板。

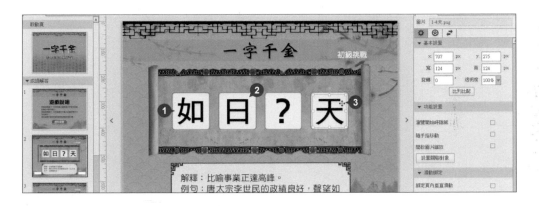

06 最後插入要解答用的字板圖片，分別插入 <1-5忠.png> 與 <1-6蛊.png> 字板 (正確答案用的 "中" 字板可以拖曳資源庫中的 **1-3中.png** 使用)，將這三個字板縮放至如圖所示的大小，並擺放至合適的位置即可。

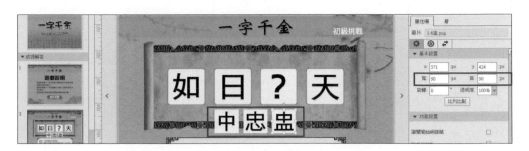

6.4 佈置熱區並設置隨手移動圖片

在這個範例中，我們將在幻燈片上建立熱區，並設置隨手移動圖片，即可用手指拖曳物件到螢幕的其他位置，並與熱區產生交互行為。

插入熱區

01 於 **縮略圖** 窗格 \ **成語解答** 節中選按第 2 頁，於 **插入** 索引標籤選按 **熱區** 後，產生淡藍色的矩形 **熱區1**。

02 將 **熱區 1** 拖曳到 "?" 字板上擺放，除了利用四周白色控點縮放至能夠覆蓋的大小，可以於 **屬性欄** 窗格 ⚙ \ **基本設置** 項目中針對 **x**、**y**、**寬**、**高** 進行更精細的設定。

設定隨手指移動

接著要設定解答用的字板，讓它們可以被拖曳，並隨著手指移動結束後，返回原來的位置。

 選取 "中" 字板後，於 **屬性欄** 窗格 ⚙ ＼ **功能設置** 項目中分別核選 **隨手指移動**、**隨手指移動結束時回擲**、**隨手指移動時放大**。如此一來這個物件即可讓手指拖曳移動，放開時除非有設定交互行為，否則會回到原處。

02 依相同操作方式，分別選取 "忠"、"盅" 字板，一樣核選 **隨手指移動**、**隨手指移動結束時回置**、**隨手指移動時放大**。

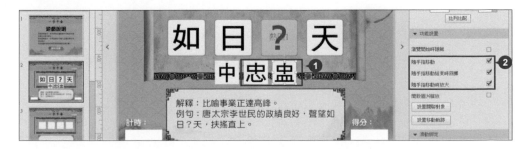

6.5 設定移動圖片的交互行為

熱區建立好，接下來就在上面設置交互行為。只要拖曳正確答案的字板至熱區後，即會浮出正確的字板；如果拖曳錯誤答案的字板至熱區，就會出現答錯的 "X" 符號。

解謎熱區的交互作用

01 一樣在 **成語解答** 節中的第 2 頁，選取 "中" 字板後，於 **交互** 索引標籤 **事件** 項目選按 **移進熱區 \ 熱區 1**，**對象** 選按 **幻燈片**。

02 **動作** 項目選按 **切換至 \ 中** 圖片，按 **添加** 鈕建立交互行為。

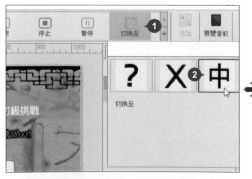 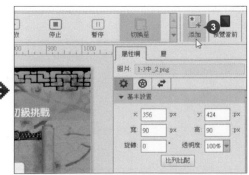

03 繼續選取 "中" 字板，於 **交互** 索引標籤 **事件** 項目選按 **移進熱區 \ 熱區 1**，對象 選按 **1-3中.png**，**動作** 項目選按 **隱藏**，按 **添加** 鈕建立交互行為。

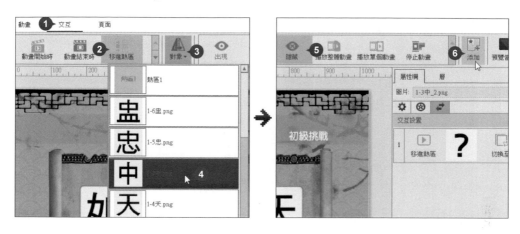

04 接著選取 "忠" 字板後，於 **交互** 索引標籤 **事件** 項目選按 **移進熱區 \ 熱區 1**，對象 選按 **幻燈片**，**動作** 項目選按 **切換至 \ X** 圖片，按 **添加** 鈕。繼續於 **交互** 索引標籤 **事件** 項目選按 **移進熱區 \ 熱區 1**，對象 選按 **1-5忠.png**，**動作** 項目選按 **隱藏**，按 **添加** 鈕建立交互行為。

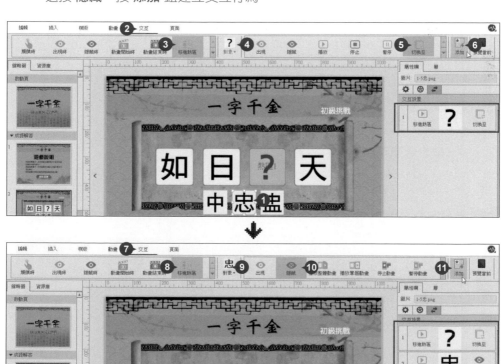

05 再依相同操作方式，選取 "蛊" 字板設定交互行為，移進熱區後讓 X 圖片出現，並讓 **1-6蛊.png** 圖片隱藏，這樣即完成設計。

point

移進熱區

當隨手指移動的圖片尺寸大於熱區時，會無法產生交互行為，所以在設置熱區時，務必讓熱區尺寸大於圖片，這樣所設置的交互行為才會正常動作。

測試隨手指移動與交互行為的效果

於 **編輯** 索引標籤選按 **預覽當前**，當拖曳字板到熱區後外放開，物件都會回到原來位置。當它們被拖曳到熱區時，對應的答案字板圖片就會出現，而拖曳的物件會消失。

6.6 佈置文字輸入頁面

利用已佈置好的圖片與文字框，運用複製、貼上的動作快速在另一個頁面完成佈置，再使用 **輸入框** 來當做高級挑戰解答用的功能。

複製並修改圖片與文字

01 一樣在 **成語解答** 節中的第 2 頁，於 **層** 窗格選取已佈置好的幻燈片、字板與文字物件，並將滑鼠指標移至頁面中選取的物件上方按一下滑鼠右鍵選按 **複製**。接著在 **縮略圖** 窗格 \ **成語解答** 節中選按第 3 頁，於 **編輯** 索引標籤選按 **黏貼**，快速完成佈置。

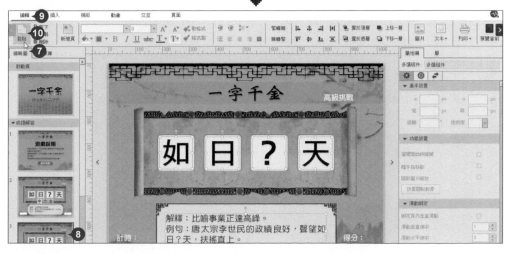

02 選取第一個字板後，於上方按一下滑鼠右鍵選按 **原尺寸替換圖片**，在對話方塊中開啟本章範例原始檔 <4-1五.png>，即可完成替換動作。

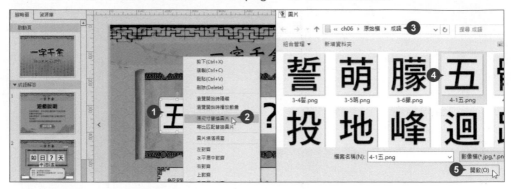

03 接著如下圖將字板替換為正確的內容後，並擺放至合適的位置，再複製 <成語解釋.txt> 中的 "五體投地" 解釋內容，於文字框內貼上，選取幻燈片物件，於 **屬性欄** 窗格 ⚙ \ **功能設置** 項目中選按 **幻燈片設置** 鈕。

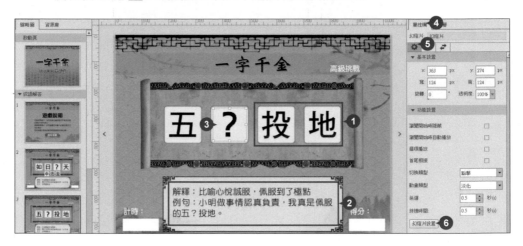

04 在 **圖片設置** 對話方塊中 "中" 字板右上角按 🔁 **替換** 鈕，在對話方塊中開啟本章範例原始檔 <成語 \ 4-2體.png>，最後再按 **確定** 鈕完成替換正確的文字。

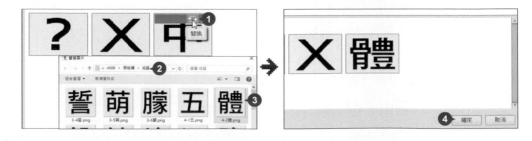

插入輸入框

在挑戰高級的關卡中，將使用直接輸入文字的方式來完成解答。

01 一樣在 **成語解答** 節中的第 3 頁，於 **插入** 索引標籤選按 **輸入框**，頁面上就會產生一個文字輸入框物件。

02 將滑鼠指標移到上方呈 ✛ 狀，按滑鼠左鍵不放拖曳至合適的位置，可以於 **屬性欄** 窗格 ⚙ \ **功能設置** 項目中設定 **字型顏色、字型大小**...等內容，在這裡設定 **字型大小：16**、**對齊方式：文本置中對齊**、**提示文字：「請輸入正確的文字」**，其餘項目依預設即可。

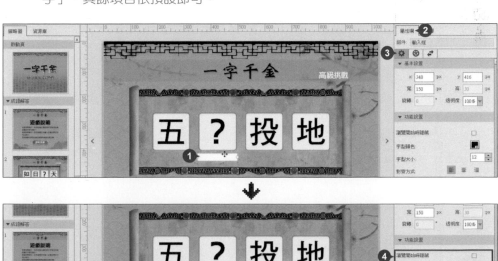

6.7 設定文字輸入的交互行為

文字輸入框放置完成後,接著可以利用交互行為來設計解答動作,當使用者輸入正確的文字後即會浮出正確的文字,反之,則會出現錯誤答案的圖片。

文字輸入框的交互作用

01 一樣在 **成語解答** 節中的第 3 頁,選取輸入框後,於 **交互** 索引標籤 **事件** 項目選按 **文字匹配成功**,在對話方塊輸入正確文字後 (在此輸入「體」),按 **確定** 鈕。

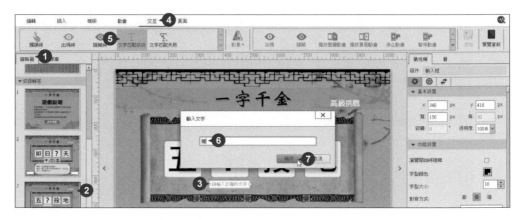

02 接著於 **對象** 選按 **幻燈片**,**動作** 項目選按 **切換至 \ 體** 圖片,按 **添加** 鈕建立交互行為。

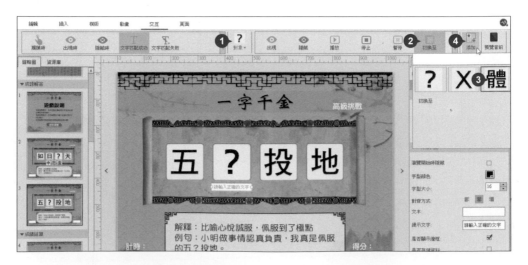

03 繼續選取輸入框，於 **交互** 索引標籤 **事件** 項目選按 **文字匹配失敗**，在對話方塊輸入正確文字後 (在此輸入「體」)，按 **確定** 鈕。

04 接著於 **對象** 選按 **幻燈片**，**動作** 項目選按 **切換至 \ X** 圖片，按 **添加** 鈕建立交互行為。

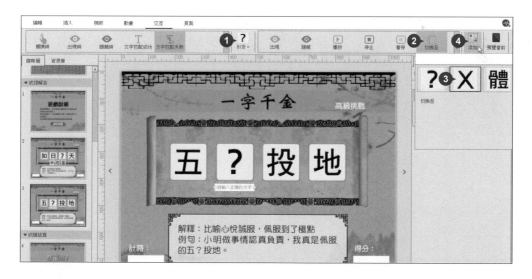

測試輸入框交互行為的效果

於 **編輯** 索引標籤選按 **預覽當前**，當輸入正確的文字並按 **Enter** 鍵時，就會出現正確答案的圖片；當輸入錯誤的文字時，則會出現錯誤的答案圖片。

6.8 設置全局計時器與全局計數器

完成基礎的版面佈置後,接著就是開始設置全局計時器與計數器,可以統計遊戲時間與得分,讓遊戲的設計更加完整。

完成所有版面的製作

本遊戲共設計 3 個初級挑戰關卡與 2 個高級挑戰關卡,在佈置 **全局計時器** 與 **全局計數器** 前,需先完成其他版面的製作。

01 於 **縮略圖** 窗格 \ **成語解答** 節中選按第 2 頁,在縮圖上按一下滑鼠右鍵選按 **複製頁**。

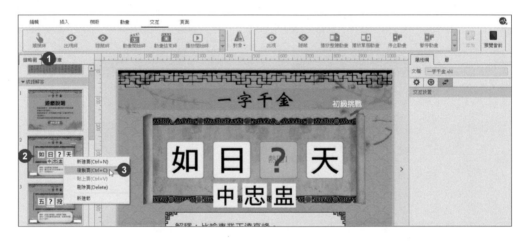

02 於 **縮略圖** 窗格 \ **成語解答** 節中第 2 頁縮圖上按一下滑鼠右鍵選按 **貼上頁**,並再重覆相同動作,貼上二個相同的頁面,總共三頁。

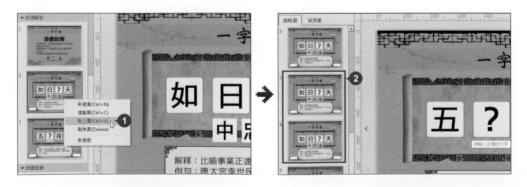

依相同操作方式，於 **縮略圖** 窗格 \ **成語解答** 節中第 5 頁縮圖上按一下滑鼠右鍵選按 **複製頁**，再按一下滑鼠右鍵選按 **貼上頁** 貼上一頁相同頁面，完成所有頁面的複製。

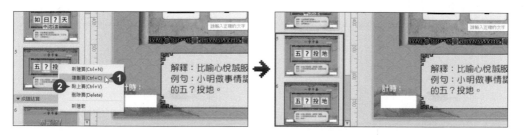

04 依相同操作方式，分別完成第 3 頁、第 4 頁、第 6 頁一字千金成語解謎的圖片與文字、幻燈片內容的替換，而且 **熱區** 與 **輸入框** 的交互行為都要照著正確的答案設置完成。

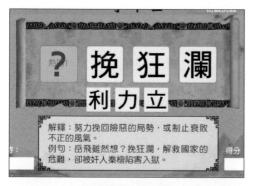

成語解答 \ 第 3 頁

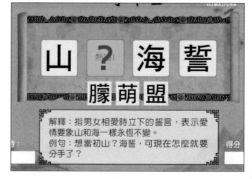

成語解答 \ 第 4 頁

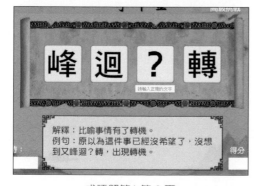

成語解答 \ 第 6 頁

第 2~4 頁的解答用的字板，可隨意擺放不同的順序，避免所有的解答字板都在同一個位置。

最後於 **編輯** 索引標籤選按 **預覽當前**，檢查所有頁面的圖片與文字是否正確，且交互行為解答也是正確的，這樣即完成所有頁面的佈置。

插入全局計時器與全局計數器

01 於 **縮略圖** 窗格 \ **成語解答** 節中選按第 2 頁，於 **插入** 索引標籤選按 **計時器** \ **全局計時器** 後，產生一個計時器物件，將它縮放、擺放至合適位置，並於 **屬性欄** 窗格 ⚙ \ **功能設置** 項目中取消核選 **數字遞減**，再核選 **瀏覽開始時自動播放**、**毫秒計時**，最後設定 **全域計時器最大時間：999** 秒。

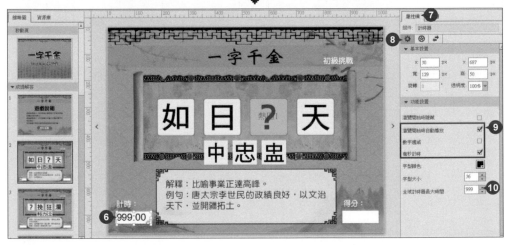

02 繼續於 **插入** 索引標籤選按 **計數器** \ **全局計數器** 後，產生一個計數器物件，將它縮放、擺放至合適位置，**屬性欄** 窗格 ⚙ \ **功能設置** 中的項目使用下圖預設的狀態即可。

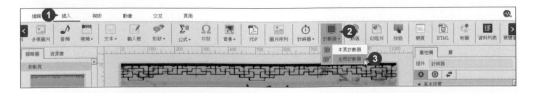

03 按 **Ctrl** 鍵不放，選取 **全局計時器** 與 **全局計數器** 物件，將滑鼠指標移至物件上按一下滑鼠右鍵選按 **複製**。

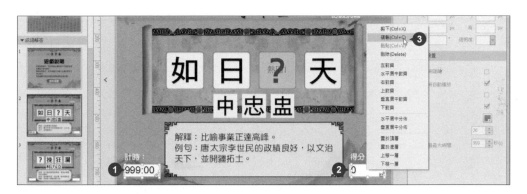

04 於 **縮略圖** 窗格 \ **成語解答** 節中選按第 3 頁，再於 **編輯** 索引標籤選按 **黏貼**，將 **全局計時器** 與 **全局計數器** 物件複製一份至此頁面。

05 依相同操作方式分別在第 4 頁、第 5 頁、第 6 頁，再於 **編輯** 索引標籤選按 **黏貼**，將 **全局計時器** 與 **全局計數器** 物件複製一份頁面。

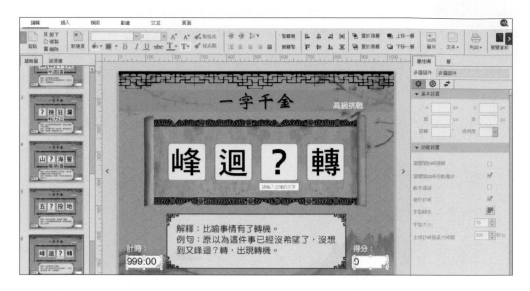

06 於 **縮略圖** 窗格 \ **成績結算** 節中選按第 7 頁，將 **全局計時器** 與 **全局計數器** 物件 **黏貼** 至此頁面，擺放至合適位置後，於 **屬性欄** 窗格 ⚙ \ **功能設置** 項目中取消核選 **全局計時器** 的 **瀏覽開始時自動播放**，並加大二個物件的字型。

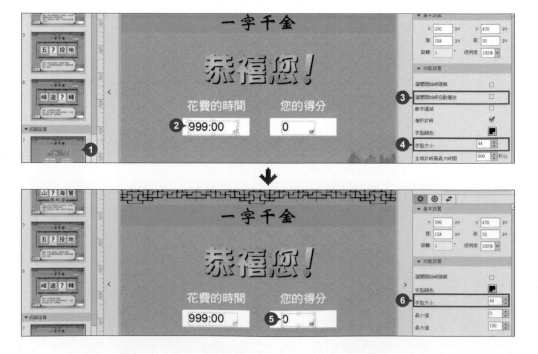

6.9 設計遊戲得分與過關計時器

最後要設置得分的交互行為，並加入過關用的計時器，讓使用者答題後，不管得分與否立即進入下一個題目頁面。

遊戲計數器的得分設定

01 於 **縮略圖** 窗格 \ **成語解答** 節中選按第 2 頁，在 **層** 窗格選取 **幻燈片**，於 **交互** 索引標籤 **事件** 項目選按 **切換開始時** \ 正確答案的圖片縮圖。

02 **對象** 選按 **計數器**，**動作** 項目選按 **增加計數**，於對話方塊設定 **數值：20**，按 **確定** 鈕建立交互行為，請依相同操作方式對第 3~6 頁的計數器設定得分機制。

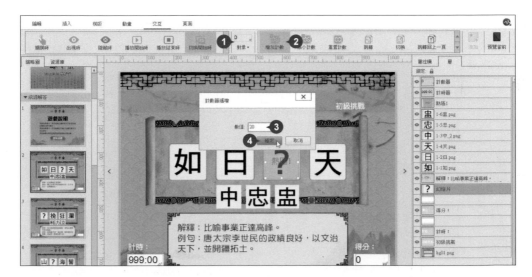

插入過關用計時器

利用 **本頁計時器** 讓使用者答題後，不管答對或答錯都直接進入下一題目。

01 回到 **成語解答** 節第 2 頁，於 **插入** 索引標籤選按 **計時器 \ 本頁計時器**，頁面
上就會產生一個計時器物件，再將物件移至頁面外擺放。

02 選取 **本頁計時器**，於 **屬性欄** 窗格 ⚙ \ **功能設置** 項目中核選 **數字遞減**、
毫秒計時，最後設定 **本頁計時器最大時間：1** 秒，完成後，請複製 **本頁
計時器** 物件，並在第 3~6 頁分別貼上一個計時器物件。

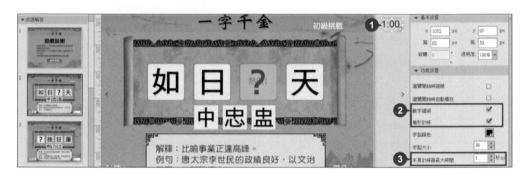

設置過關交互行為

01 回到 **成語解答** 節第 2 頁，在 **層** 窗格選取 **幻燈片**，於 **交互** 索引標籤 **事件** 項
目選按 **切換開始時 \ X 圖片**。

02 對象 選按 計時器，動作 項目選按 播放，按 添加 鈕建立交互行為。

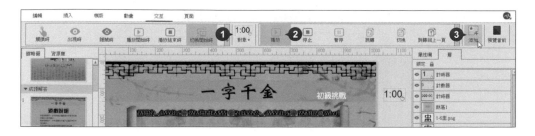

03 一樣選取 幻燈片 狀態下，於 交互 索引標籤 事件 項目選按 切換開始時 \ 正確答案的圖片縮圖，對象 選按 計時器，動作 項目選按 播放，按 添加 鈕建立交互行為。

04 依照相同操作方式，參考下表將第 3、4、5、6 頁的 幻燈片 物件設定交互行為：

縮略圖	設定	事件	對象	動作
成語解答 / 3	幻燈片	切換開始時 - 7叉號.png 切換開始時 - 2-1力.png	計時器	播放
成語解答 / 4	幻燈片	切換開始時 - 7叉號.png 切換開始時 - 3-2盟.png	計時器	播放
成語解答 / 5	幻燈片	切換開始時 - 7叉號.png 切換開始時 - 4-2體.png	計時器	播放
成語解答 / 6	幻燈片	切換開始時 - 7叉號.png 切換開始時 - 5-3路.png	計時器	播放

05 回到 **成語解答** 節第 2 頁，選取頁面外的 **本頁計時器**，於 **交互** 索引標籤 **事件** 項目選按 **計時器結束時**，**對象** 選按 **計時器**，**動作** 項目選按 **切換**，在對話方塊中選按 **橫向節：成語解答** 鈕，再選按第 3 頁右上角 ➕ 鈕，即產生於 **所選擇的頁** 項目中，接著按 **確定** 鈕，即可建立交互行為。

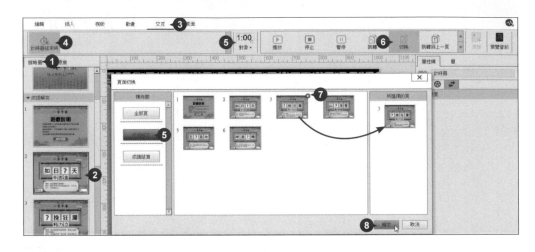

06 依照相同操作方式，參考下表將第 3、4、5、6 頁的 **本頁計時器** 物件設定交互行為：

縮略圖	設定	事件	對象	動作	所選擇的頁
成語解答 / 3	本頁計時器	計時器結束時	計時器	切換	橫向節：成語解答 \ 4
成語解答 / 4	本頁計時器	計時器結束時	計時器	切換	橫向節：成語解答 \ 5
成語解答 / 5	本頁計時器	計時器結束時	計時器	切換	橫向節：成語解答 \ 6
成語解答 / 6	本頁計時器	計時器結束時	計時器	切換	橫向節：成績結算 \ 7

設定遊戲結束時間

當完成所有題目後，就必須將 **全局計時器** 暫停時間，即可知道花了多少時間解題。

於 **縮略圖** 窗格 \ **成語解答** 節中選按第 6 頁，選取 **本頁計時器**，於 **交互** 索引標籤 **事件** 項目選按 **計時器開始時**，**對象** 選按 **計時器**，**動作** 項目選按 **暫停**，按 **添加** 鈕建立交互行為。

將總時間與總分數歸零

在最後總成績頁面設置一個倒數計時器，可以讓頁面自動返回首頁，還可以將 **全局計時器** 與 **全局計數器** 歸零。

01 於 **縮略圖** 窗格 \ **成績結算** 節中選按第 7 頁，於 **插入** 索引標籤選按 **計時器** \ **計時器** 後，將它擺放至頁面中央略偏下方的位置。

02 於 **屬性欄** 窗格 ✿ \ **功能設置** 項目中核選 **瀏覽開始時自動播放**、**數字遞減**，並設定 **本頁計時器最大時間：5** 秒。

03 最後選取頁面下方的 **計時器**，於 **交互** 索引標籤 **事件** 項目選按 **計時器結束時**，**對象** 選按 **計時器**，**動作** 項目選按 **停止**；於 **交互** 索引標籤 **事件** 項目選按 **計時器結束時**，**對象** 選按 **計數器**，**動作** 項目選按 **重置計數**；於 **交互** 索引標籤 **計時器結束時**，**對象** 選按 **計時器**，**動作** 項目選按 **切換**，對話方塊中選按 **橫向節：全部頁** 鈕，再選按第 1 頁右上角 ➕ 鈕設定回到首頁即可。

6.10 為遊戲加入答題音效

如果製作的遊戲完全都沒有任何音效，使用者在遊戲的過程中就會覺得無趣及枯燥，適時的加入一些音效可以為它增添趣味性。

插入音效

01 於 **縮略圖** 窗格 \ **成語解答** 節中選按第 2 頁，於 **插入** 索引標籤選按 **音頻**，在對話方塊中開啟本章範例原始檔 <答對音效.mp3>。

02 依相同操作方式，插入本章範例原始檔 <答錯音效.mp3>，接著並將二個音物件移至頁面外部擺放即可。

設置音效交互行為

01 在 **層** 窗格選取 **幻燈片**，於 **交互** 索引標籤 **事件** 項目選按 **切換開始時 \ 正確答案圖片**，**對象** 選按 **答對音效.mp3**，**動作** 項目選按 **播放**，按 **添加** 鈕；繼續於 **交互** 索引標籤 **事件** 項目選按 **切換開始時 \ X 圖片**，**對象** 選按 **答錯音效.mp3**，**動作** 項目選按 **播放**，按 **添加** 鈕建立交互行為。

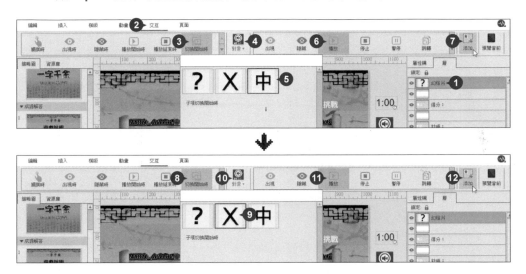

02 依相同操作方式，分別將第 3~6 頁的 **幻燈片** 物件設置好答對與答錯音效。(音效可於 **資源庫** 窗格 \ **音效** 資料夾中，直接拖曳出來使用。)

開始遊戲鈕的交互作用

於 **縮略圖** 窗格 \ **成語解答** 節中選按第 1 頁，選取 **開始按鈕.png** 物件，於 **交互** 索引標籤 **事件** 項目選按 **觸摸時**，**對象** 選按 **開始按鈕.png**，**動作** 項目選按 **切換**，在對話方塊中選按 **橫向節：成語解答** 鈕，再選按第 2 頁右上角 ➕ 鈕，即產生於 **所選擇的頁** 項目中，接著按 **確定** 鈕，即可建立交互行為。

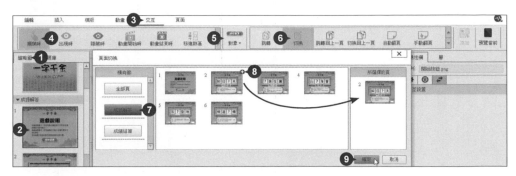

選擇題

1. (　) 將多張圖片合併在一起，可以設定切換效果，除了自動播放外，也讓
瀏覽者選按切換的功能是？
(A) 圖片序列　　(B) 多張圖片　　(C) 幻燈片　　(D) 視頻

2. (　) 若想要更改編輯頁面上的物件或是熱區的名稱，必須到哪個窗格中？
(A) 層　　(B) 屬性欄　　(C) 縮略圖　　(D) 資源庫

3. (　) 設定好的動畫必須到 屬性欄 窗格的哪個面板中檢視及修改？
(A) ⚙ 基本設置　　　　(B) ⊗ 動畫設置
(C) ⇄ 交互設置　　　　(D) 以上皆非

4. (　) 若要利用輸入文字匹配的交互行為，可利用下列何者功能？
(A) 插入 索引標籤 文本　　(B) 插入 索引標籤 輸入框
(C) 插入 索引標籤 形狀　　(D) 插入 索引標籤 PDF

5. (　) 若要讓瀏覽者可以用手指移動畫面上的物件，並在放開後回到原位，
那在 屬性欄 窗格 \ 功能設置 中必須核選 (複選)？
(A) 隨手指移動　　　　(B) 隨手指移動結束時回置
(C) 隨手指移時放大　　(D) 開啟圖片縮放

實作題

請依下述提示完成作品："國旗連連看"。

1. 於頁面中加入 3 個熱區，並分別拖曳到地圖上
三個國家名稱(幻燈片)上。

2. 選取地圖右側國旗，設定 隨手指移動、隨手指
移動結束時回擲、隨手指移動時放大。繼續在這
個國旗上設定二個交互行為：當移入正確國家名
稱(幻燈片)的熱區時進行播放，接著隱藏國旗圖
片，依照相同方式設定其他的國旗。

3. 於地圖上三個國旗上加入 3 個輸入框，並設定
提示文字：「輸入國家名稱」、文字匹配成功後
幻燈片所產生的結果，接著一樣隱藏國旗圖片。

7

學習主題

益智互動 App
大家來找碴

學習重點

- 背景音樂・計數器
- 過關與闖關失敗頁面設計
- 聲音特效・計時器

7.1 專案發想與規劃

"大家來找碴" 屬於一款考驗眼力的益智遊戲，在二張相同的圖片上找出不同的差異點，遊戲的設計雖然很簡單，可是卻是許多人無聊時拿來打發時間的小遊戲。

找到兩張圖片中細微的差異，挑戰您大腦及眼力的極限！"大家來找碴" 是一款經典的休閒遊戲，不管大人或小孩都很容易上手並愛不釋手，利用 Smart Apps Creator 軟體開發這樣的遊戲非難事！

本範例中著重在熱區與計數器的應用，利用計數器可以為遊戲設置類似生命值的功能，讓玩家可以更專心的尋找圖片中的差異。以下即是這個範例的製作流程：

7.2 說明頁面設計與加入背景音樂

在 "大家來找碴" 遊戲的範例中，首先在已佈置好背景的說明頁面中入文字說明與換頁按鈕，並加入遊戲的背景音樂。

插入遊戲說明文字

01 於軟體左上角選按 **Smart \ 打開** ，在對話方塊中開啟本章範例原始檔 <大家來找碴.ahl>。

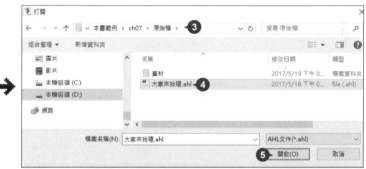

02 可以看到事先佈置好的啟動頁與各頁的背景圖，首先於 **縮略圖** 窗格 \ **遊戲頁面** 節中選按第 1 頁。

03 於 **插入** 索引標籤選按 **文本 \ 橫排文本框** 插入一個文字框,接著開啟本章範例原始檔 <素材 \ 遊戲說明文字.txt>,選取所有文字並複製起來。

04 回到軟體的文字框內,貼上並選取文字,利用 **文本** 浮動工具列直接調整文字框內文字字型與字型大小,並透過四周控點調整文字框大小與位置,再將重點文字以加大、紅色顏色的方式來表現。

設置開始遊戲的按鈕

01 一樣在 **縮略圖** 窗格 \ **遊戲頁面** 節中選按第 1 頁，於 **插入** 索引標籤選按 **圖片**，在對話方塊中開啟本章範例原始檔 <素材 \ 開始按鈕.png>。

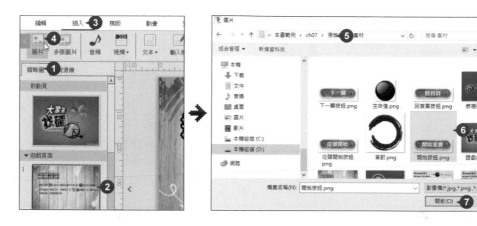

02 在 **開始按鈕.png** 圖片上，按滑鼠左鍵不放拖曳並擺放至合適的位置。

03 接著要設定頁面切換功能，選取 **開始按鈕.png** 圖片狀態下，於 **交互** 索引標籤 **事件** 項目選按 **觸摸時**，**對象** 選按 **開始按鈕.png**，**動作** 項目選按 **切換** 開啟對話方塊。

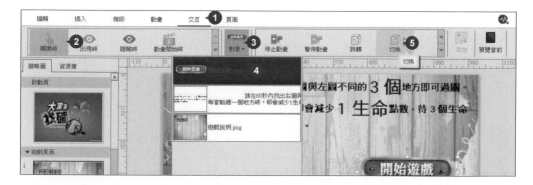

於 **頁面切換** 對話方塊中，先選按 **橫向節：全部頁** 鈕，再選按第 2 頁右上角 ⊕ 鈕，即產生於 **所選擇的頁** 項目中，按 **確定** 鈕完成。

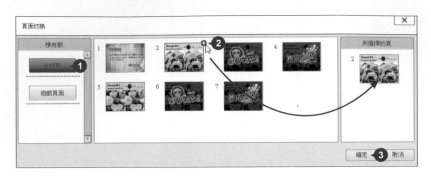

point

跳轉與切換的差異

由於本範例在頁面切換時不需要使用特效，所以選擇使用 **切換** 的交互行為即可瞬間切換頁面，但如果使用 **跳轉** 的話，則會出現翻頁的效果。

加入背景音樂

 於 **縮略圖** 窗格 \ **遊戲頁面** 節中選按第 1 頁，於 **頁面** 索引標籤選按 **背景音樂 \ 添加背景音樂**，在對話方塊中開啟本章範例原始檔 <素材 \ 背景音樂.mp3>。

02 回到編輯區後，可選按 **預覽當前** 測試一下設置的項目是否運行無誤，完成後即可關閉預覽器。

7.3 使用熱區設置遊戲的解答區

這裡利用熱區的方式來製作找碴遊戲中的答案，透過按到正確的熱區位置後，觸發並顯示答案區上的圖片。

佈置正確答案區的圖片

插入製作好的圖片做為正確解答時所出現的效果，但圖片不能使用一般的 JPG 格式，必須使用去背的 PNG 格式，這是避免圖片重疊後，遮到下方答案區的圖片。

01 先於 **縮略圖** 窗格 \ **遊戲頁面** 節中選按第 2 頁，本範例已先佈置好所有基礎背景圖片。

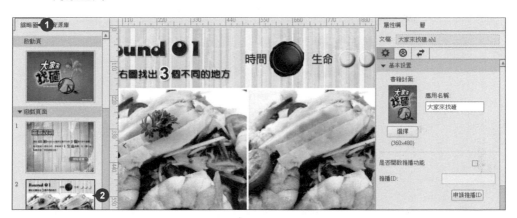

02 於 **插入** 索引標籤選按 **圖片**，在對話方塊中開啟本章範例原始檔 <素材 \ 答對.png>。

03 先將圖片縮放至合適的大小，並拖曳擺放至右圖第一個答案點的位置之上，接著於 **資源庫** 窗格 \ **圖片** 資料夾，在 **答對.png** 圖片上按滑鼠左鍵不放拖曳至頁面中擺放。

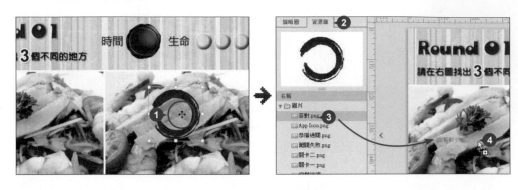

04 縮放至合適的大小並擺放至右圖的第二個答案點位置，依照相同操作完成右圖的第三個答案點設置。

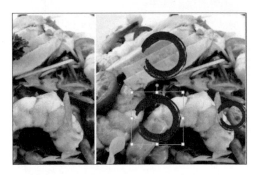

05 按 Ctrl 鍵不放，選取所有 "答對" 圖片，於 **編輯** 索引標籤選按 **複製** 後，再選按 **黏貼** 將三個 "答對" 圖片複製一份，然後擺放至左圖相同的位置上。

06 分別選取左右圖的 "答對" 圖片後，於 **屬性欄** 窗格 ⚙ \ **功能設置** 項目中核選 **瀏覽開始時隱藏**，將所有紅圈隱藏後，再於 **層** 窗格分別為圖層命名，並使用 ⬆ **上移** 鈕或 ⬇ **下移** 鈕參考右下圖排序，方便之後的作業流程。

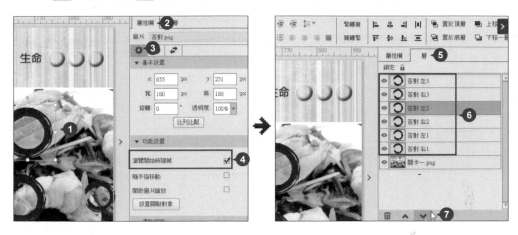

佈置正確答案點的熱區

佈置好答對的圖片後，接著就是設置熱區，讓玩家在觸摸到正確位置時，即可顯示正確解答的圖片。

01 於 **插入** 索引標籤選按 **熱區** 插入 **熱區1**，拖曳至右圖的答案點並利用四周的白色控點，縮放至剛剛好可以覆蓋答案的大小。接著於 **屬性欄** 窗格 ⚙ \ **功能設置** 項目中設定 **熱區形狀：圓形**。(可利用畫面右下角 ➕ 鈕放大工作區以方便調整)

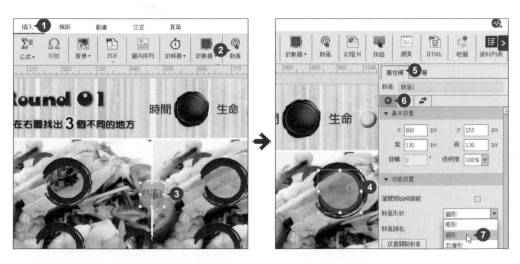

02 於 **層** 窗格選按 **熱區1** 後，按 ▼ **下移** 鈕，將 **熱區1** 圖層移至如圖所示的位置，繼續於 **插入** 索引標籤選按 **熱區** 插入 **熱區2**，依照相同操作完成縮放、位置擺放、圖層順序變更與熱區形狀設定。

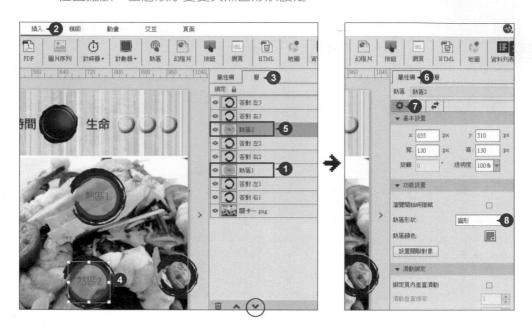

03 完成第二個熱區的設置後，繼續依照相同操作完成 **熱區3** 的插入、縮放、位置擺放與熱區形狀設定，這樣就完成答案點的熱區佈置。

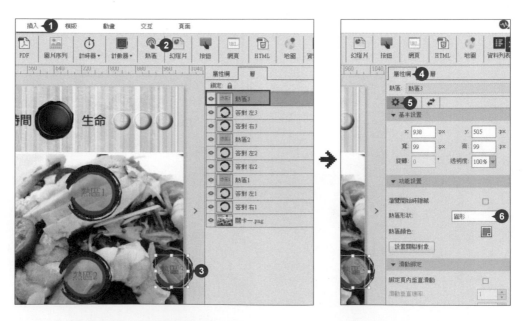

正確答案熱區的交互設定

完成圖片與熱區的設置後，接下來要設計當玩家按到正確的熱區位置後，紅圈圖片就會出現的交互行為。

01 於 **層** 索引標籤選按 **熱區1** 圖層，於 **交互** 索引標籤 **事件** 項目選按 **觸摸時**，**對象** 選按 **答對 右1**，**動作** 項目選按 **出現**，再選按 **添加**。(若是左側窗格為開啟狀態，可以按一下 **>** 圖示將窗格收合起來取得較大的編輯空間。)

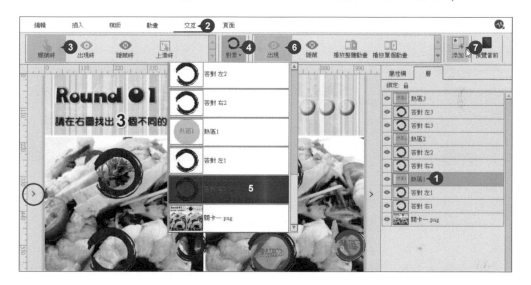

02 接著也要讓左圖的紅圈一同出現，在選取 **熱區1** 的狀態下，繼續於 **交互** 索引標籤 **事件** 項目選按 **觸摸時**，**對象** 選按 **答對 左1**，**動作** 項目選按 **出現**，再選按 **添加** 即可完成第一個解答的交互行為。

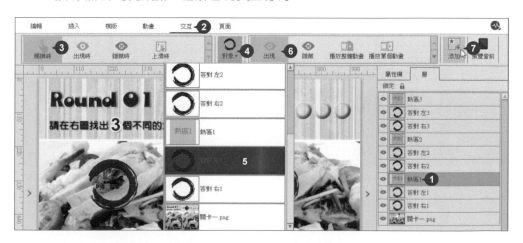

03 依照相同操作，選按 **熱區2** 圖層後，於 **交互** 索引標籤分別設定 **對象** 為 **答對右2**、**答對 左2** 紅圈圖片，建立 **觸摸時**、**出現** 的交互行為。

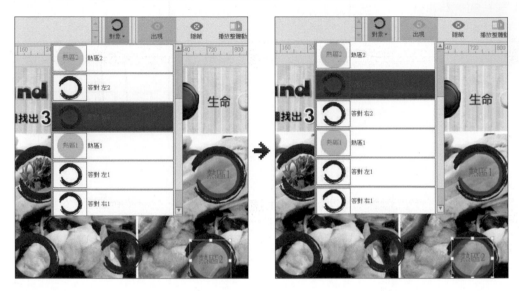

04 依照相同操作，選按 **熱區3** 圖層後，分別於 **交互** 索引標籤分別設定 **對象** 為 **答對 右3**、**答對 左3** 紅圈圖片，建立 **觸摸時**、**出現** 的交互行為。

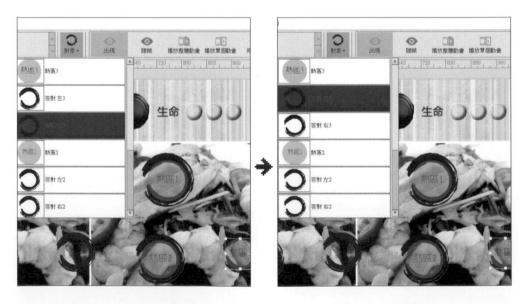

05 完成後，可選按 **預覽當前** 測試一下設置的項目是否運行無誤，如無問題即可關閉預覽器。

7.4 使用計數器來判定過關

由於無法使用程式來判定玩家是否已經解開三個答案，所以利用計算器來統計玩家已觸發熱區的次數是否已達到三次，來決定是否可以過關與否。

插入計數器

利用計數器計算已出現的紅圈圖片，待計數達設定的目標時，即算過關。

01 一樣於 **縮略圖** 窗格 \ **遊戲頁面** 節中選按第 2 頁，再於 **插入** 索引標籤選按 **計數器** \ **本頁計數器**，接著將滑鼠指標移至計數器上方呈 ✛ 狀，拖曳至頁面外擺放。

02 於 **層** 窗格為計數器重新命名為「答案計數器」，於 **屬性欄** 窗格 ⚙ \ **功能設置** 項目中將計數器設定 **最大值：3**。

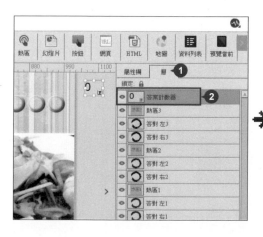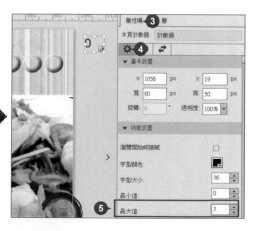

以計數器來判定過關

當答對的紅圈被觸發顯示時，就在計數器中增加一次計數；而當計數器累計達到 3 次時，即算過關並切換至另一頁面，這就是利用計數器來判定過關的方式。

01 本範例選用左圖的 "答對" 圖片來設定交互行為，選取左邊第一個 "答對" 圖片後，於 **交互** 索引標籤 **事件** 項目選按 **出現時**，**對象** 選按 **答案計數器**，**動作** 項目選按 **增加計數**，在對話方塊中設定 **數值：1**，按 **確定** 鈕完成。

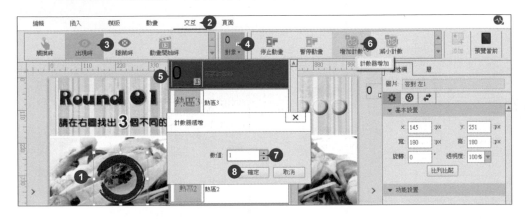

02 依照相同操作，選取左圖第二個與第三個 "答對" 圖片後，設定交互行為與增加計數動作。

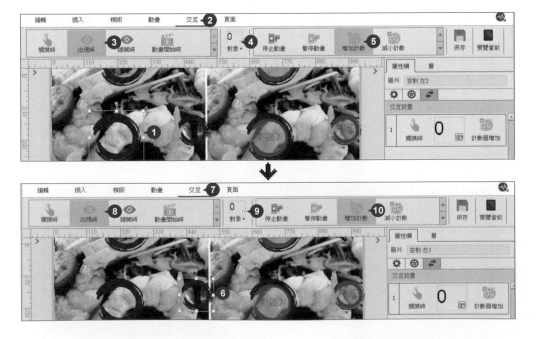

03 選按計數器，於 **交互** 索引標籤 **事件** 項目選按 **計數器更新時**，在對話方塊中設定 **數值：3**，按 **確定** 鈕。

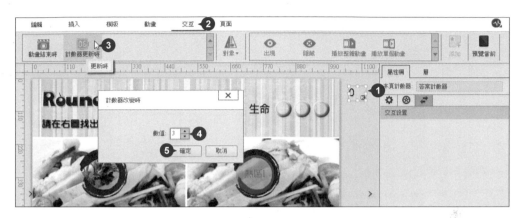

04 **對象** 選按 **答案計數器**，**動作** 項目選按 **切換**，在開啟的對話方塊中選按 **橫向節 \ 全部頁** 鈕，將滑鼠指標移至第 4 頁右上角按 ⊕ 鈕，產生於 **所選擇的頁** 項目中，再按 **確定** 鈕即完成。

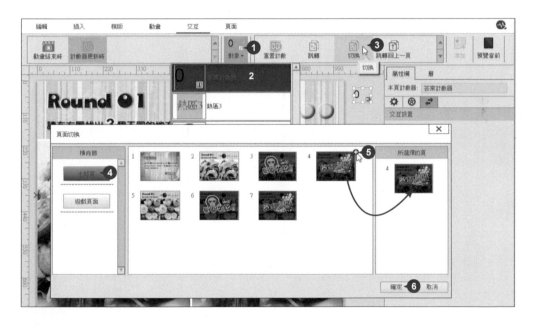

05 回到編輯區後，可選按 **預覽當前** 測試一下設置的項目是否運行無誤，如無問題即可關閉預覽器。

7.5 使用計數器來製作生命點數

在找碴遊戲中,我們幫玩家安排了 3 個生命點數,每點錯一次即會扣除 1 生命點數,在這裡將利用計數器來做為判定的工具。

佈置錯誤處的熱區

除了已佈置好的三個正確答案熱區外,圖片的其他區域都是錯誤處,所以設置一個大面積的熱區即可搞定。

01 一樣於 **縮略圖** 窗格 \ **遊戲頁面** 節中選按第 2 頁,再於 **插入** 索引標籤選按 **熱區** 插入新的熱區,利用熱區四周的白色控點將範圍調整至與右邊圖片大小相同。

02 於 **層** 窗格將新增的熱區重新命名為「錯誤區」,選按 ⌄ **下移** 鈕將它排序在 **關卡之一.png** 圖層之上。(務必將此熱區排序在此位置,避免蓋到其他熱區而導致無法觸發交互行為。)

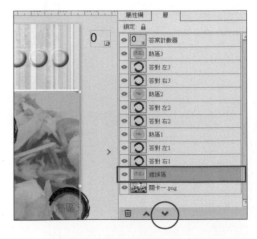

佈置生命點數的計數器

這裡一樣利用計算器來判定闖關失敗的設置,在設置前先插入 3 個紅點,在每次點按到錯誤區後,就會扣除一生命點數。

01 於 **插入** 索引標籤選按 **圖片**,在對話方塊中開啟本章範例原始檔 <素材 \ 生命值.png>。

02 於 **資源庫** 窗格 \ **圖片** 資料夾,再拖曳二個 **生命值.png** 圖片至編輯區,接著參考下圖調整圖片的擺放位置,最後於 **層** 窗格依順序由右至左重新命名這三個圖層名稱。

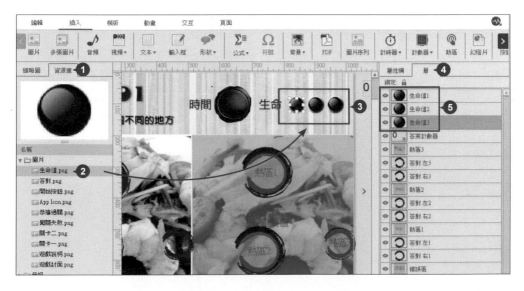

03 於 **插入** 索引標籤選按 **計數器 \ 本頁計數器**，接著將計數器拖曳至頁面外擺放，再於 **層** 窗格重新命名計數器名稱為「生命計數器」。

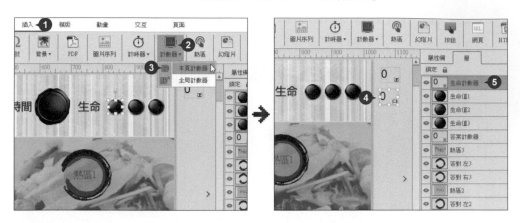

04 選按 **錯誤區** 熱區，於 **交互** 索引標籤 **事件** 項目選按 **觸摸時**，**對象** 選按 **生命計數器**，**動作** 項目選按 **增加計數**，在對話方塊中設定 **數值：1**，按 **確定** 鈕。

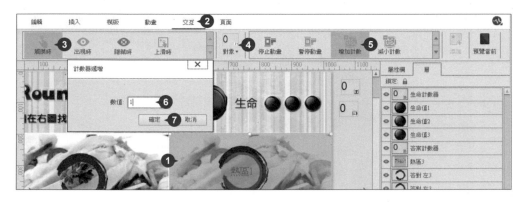

05 接著選取 **生命計數器**，於 **交互** 索引標籤 **事件** 項目選按 **計數器更新時**，在對話方塊中設定 **數值：1**，按 **確定** 鈕，最後 **對象** 選按 **生命值1**，**動作** 項目選按 **隱藏**，按 **添加**。

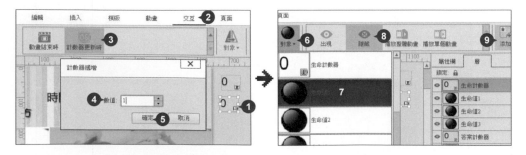

06 再於 **交互** 索引標籤選按 **計數器更新時**，在對話方塊中設定 **數值：2**，按 **確定** 鈕，最後 **對象** 選按 **生命值2**，**動作** 項目選按 **隱藏**，按 **添加**。

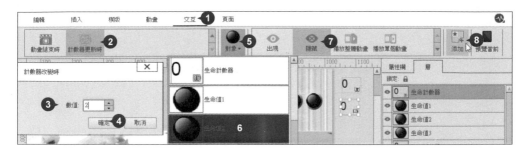

07 繼續於 **交互** 索引標籤選按 **計數器更新時**，在對話方塊中設定 **數值：3**，按 **確定** 鈕，最後 **對象** 選按 **生命值3**，**動作** 項目選按 **隱藏**，按 **添加**。

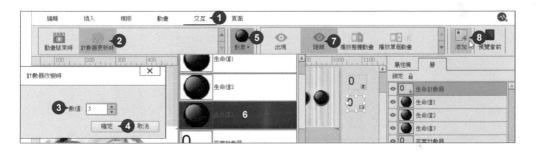

判定闖關失敗的設定

經過上步驟的設置後，每按到一次錯誤區就會導致生命點數的減少，利用這樣的方式，當第三個生命點數消失時，即可判定本次闖關失敗。

先選取 **生命值3** 圖片，於 **交互** 索引標籤 **事件** 項目選按 **隱藏時**，**對象** 選按 **生命值3**，**動作** 項目選按 **切換**，在對話方塊中選按 **橫向節 \ 全部頁**，將滑鼠指標移至第 3 頁右上角按 ➕ 鈕，產生於 **所選擇的頁** 項目中，按 **確定** 鈕即完成。

7.6 過關與闖關失敗的頁面設計

完成找碴遊戲的設計後，需分別再設計一個過關畫面與闖關失敗的畫面，讓玩家可以選擇繼續玩下一關或是重新再玩過。

01 在 **縮略圖** 窗格 \ **遊戲頁面** 節中選按第 3 頁，接著於 **插入** 索引標籤選按 **圖片**，在對話方塊中開啟本章範例原始檔 <素材 \ 從頭開始按鈕.png>。

02 拖曳 **從頭開始按鈕.png**，並擺放至合適的位置。

03 選取 **從頭開始按鈕.png**，於 **交互** 索引標籤 **事件** 項目選按 **觸摸時**，**對象** 選按 **從頭開始按鈕.png**，**動作** 項目選按 **切換**，在對話方塊中選按 **橫向節 \ 全部頁**，將滑鼠指標移至第 2 頁右上角按 ➕ 鈕，產生於 **所選擇的頁** 項目中，按 **確定** 鈕即完成。

04 依照相同操作，於 **縮略圖** 窗格 \ **遊戲頁面** 節中選按第 4 頁，插入 <下一關按鈕.png> 圖片，並拖曳擺放至合適位置後，於 **交互** 索引標籤參考下圖設定交互行為。

05 完成後，於 **編輯** 索引標籤選按 **從頭預覽**，測試一下至目前為止所設置的項目是否運行無誤。當正確回答出三個解答後，即會跳至過關頁面並顯示下一關按鈕；當答錯損失三個生命值後，將會跳至闖關失敗頁面並顯示重新開始按鈕；如無問題即可關閉預覽器。

7.7 幫遊戲加入聲音特效

到目前為止已經完成第一關遊戲內容的設計，接著要替遊戲加入一些像是答對、答錯或是過關的音效，讓遊戲內容更加豐富。

插入答錯音效

01 於 **縮略圖** 窗格 \ **遊戲頁面** 節中選按第 2 頁，再於 **插入** 索引標籤選按 **音頻**，在對話方塊中開啟本章範例原始檔 <素材 \ 答錯音效.mp3>。

02 拖曳 **答錯音效.mp3** 至頁面外擺放，接著選按 **錯誤區** 熱區，於 **交互** 索引標籤 **事件** 項目選按 **觸摸時**，**對象** 選按 **答錯音效.mp3**，**動作** 項目選按 **播放**，再按 **添加**。

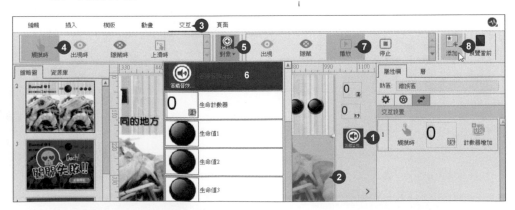

插入答對音效

01 繼續於 **插入** 索引標籤選按 **音頻**，插入 <答對音效.mp3>，並拖曳擺放至頁面外，接著選按 **答對 左1** 圖片，於 **交互** 索引標籤 **事件** 項目選按 **出現時**，**對象** 選按 **答對音效.mp3**，**動作** 項目選按 **播放**，再按 **添加**。

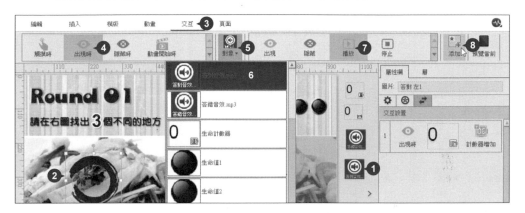

02 依照相同操作，分別選按 **答對 左2**、**答對 左3** 圖片後，於 **交互** 索引標籤添加 **出現時** 播放答對音效的交互行為。

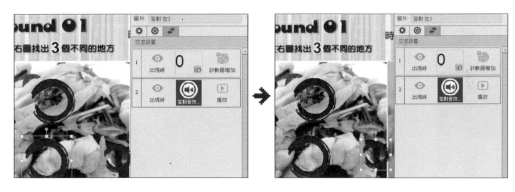

插入過關與闖關失敗的音效

在玩家過關或是闖關失敗後，隨即會出現相關頁面並自動播放音效。

01 於 **縮略圖** 窗格 \ **遊戲頁面** 節中選按第 3 頁，於 **插入** 索引標籤選按 **音頻**。

02 開啟本章範例原始檔 <素材 \ 闖關失敗.mp3>，並將音效拖曳至頁面外擺放，
於 **屬性欄** 窗格 ⚙ \ **功能設置** 項目中核選 **瀏覽開始時播放音訊**。

03 依照相同操作，於 **縮略圖** 窗格 \ **遊戲頁面** 節中選按第 4 頁，插入本章範例原
始檔 <過關音效.mp3>，並將音效拖曳至頁面外擺放，於 **屬性欄** 窗格一樣核
選 **瀏覽開始時播放音訊**，這樣就算完成遊戲音效的設計。

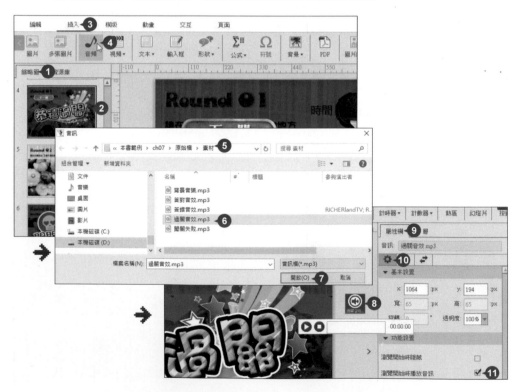

7.8 加入遊戲時間限制

雖然找碴遊戲是個難度不高的遊戲，玩家可以慢慢找出圖片的不同，
不過，如果我們在遊戲加入時間的限制，就可以營造一些緊張感。

在遊戲畫面中插入一計時器並設定字型樣式後，再加入交互行為即可。

01 於 **縮略圖** 窗格 \ **遊戲頁面** 節中選按第 2 頁，於 **插入** 索引標籤選按 **計時器** \
本頁計時器，接著於 **屬性欄** 窗格 **⚙** \ **功能設置** 項目中核選 **瀏覽時開始自動
播放**、**數字遞減**，設定 **字型大小：60**、**本頁計時器最大時間：60**。

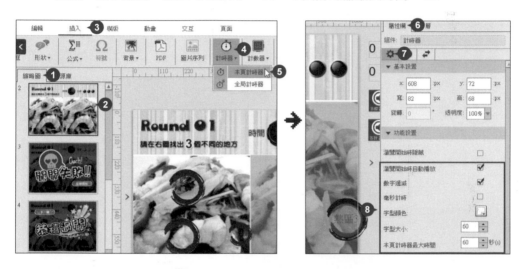

02 拖曳計時器擺放至合適位置，利
用四周縮放控點調整出合適的大
小，避免字型被外框裁切不見。

03 選取計數器，於 **交互** 索引標籤 **事件** 項目選按 **計時器結束時**，**對象** 選按 **計時器**，**動作** 項目選按 **切換**，在對話方塊中選按 **橫向節 \ 全部頁** 鈕，將滑鼠指標移至第 3 頁右上角按 ➕ 鈕，產生於 **所選擇的頁** 項目中，按 **確定** 鈕。

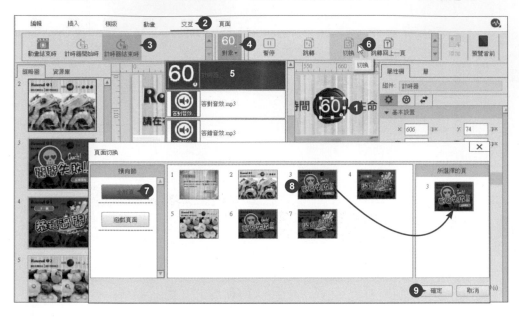

04 完成後，於 **編輯** 索引標籤選按 **從頭預覽**，測試一下至目前為所設置的音效項目是否無誤，如無問題即可關閉預覽器。

7.9 完成其他遊戲關卡的設計

完成第一關的設計後，您可以依照相同操作完成其他關卡的設計，
接著我們就照著步驟來完成第二關的設計。

 於 **縮略圖** 窗格 \ **遊戲頁面** 節中選按第 5 頁，並依照著相同操作分別完成以下的設置：

1.插入答案點的紅圈圖片、佈置相關熱區及交互行為的設定。
2.計數器、錯誤處熱區與生命點數的佈置。
3.完成計數器及熱區的交互行為設置。
4.最後完成音效插入及倒數計時器的設置。

02 最後分別再第六頁、第七頁插入按鈕圖片，設定其交互行為，由於本範例只
安排二個關卡，在最後的過關畫面處插入 **回首頁** 鈕，並設定交互行為回到遊
戲說明頁面處即可，這樣就完成大家來找碴遊戲的設計。

隨堂練習

選擇題

1. (　) 若要切換頁面時不會產生翻頁效果時,於交互行為中需設定何種動作?
   (A) 跳轉　(B) 切換　(C) 自動翻頁　(D) 手動翻頁

2. (　) 如果要讓計時器一進入頁面就計時並以毫秒方式呈現,需核選以下哪種項目?(複選)
   (A) 瀏覽開始時自動播放　(B) 數字遞減
   (C) 毫秒計時　　　　　　　(D) 本頁計時器最大時間

3. (　) 計數器最小值及最大值分別是多少?
   (A) 0,9999　(B) 1,10000　(C) 1,1000　(D) 0,99999

4. (　) 以下何種不是計時器可以設定的項目?
   (A) 字型顏色　(B) 字型大小　(C) 本頁計時器最大時間　(D) 字型行距

5. (　) 當計時器結束時,下列何種正確?
   (A) 可以播放整體動畫　(B) 可以設定切換頁面
   (C) 可以設定超鏈結　　(D) 以上皆可

實作題

請依下述提示完成作品:"風景拼拼樂"。

1. 在 "遊戲頁面" 節中選按第 1 頁,於 插入 索引標籤插入計數器並擺放至頁面外,於 層 窗格分別選按 完成1 ~ 完成9,設定每當完成圖片出現時,計數器即增加數值 "1"。

2. 選取計數器,設定計數器更新至 "9" 時,即自動切換至過關頁面。

3. 於 插入 索引標籤插入計時器,調整合適的字型大小與顏色後,設定自動倒數 30 秒,當計時器結束時,自動切換至過關失敗頁面。

8

Chapter

學習主題

科展教案 App
霧社血斑天牛

學習重點

公共頁面製作
橫向滾動圖片模版・連線題模版
插入影片・子頁設置

8.1 專案發想與規劃

在 "霧社血斑天牛" 的範例中，將大量結合精緻照片、說明文字，並且配合 App 特有的互動與效果，為一般科展教案增添更多引人入勝的內容。

在製作科展教案的成果時，大部分的人都會利用簡報軟體進行整理，使用美工軟體來加強視覺，甚至利用影音剪輯的方式增添專案的豐富度。"霧社血斑天牛" 是教育部資訊融入教育競賽的冠軍作品，原始資料是由南投縣埔里鎮宏仁國中李季篤老師所提供，其中利用 App 的特性結合文字、圖片、音樂、影片...等素材，並且在內容增添互動的趣味，對於科展的作品來說是大大加分。

在這個範例中將說明如何使用軟體的功能與技巧，快速將大量的資料化為作品的內容，並且輕鬆加入動畫及互動的效果，讓瀏覽者能在操作之中獲得相關的知識。以下即是這個範例的製作流程：

啟動頁與單元首頁動畫

在啟動頁與單元首頁中，都使用不同的動畫進行佈置。這裡將在同一個物件或多個物件中加入動畫，並利用不同的延遲時間讓動畫可以交互出現。

設定啟動頁動畫

01 於軟體左上角選按 **Smart** \ **打開**，在對話方塊中開啟本章範例原始檔 <霧社血斑天牛.ahl> 會看到已佈置好的基本環境。

02 於 **縮略圖** 窗格 \ **啟動頁** 節中選取 **logo.png** 後，於 **動畫** 索引標籤選按 **浮入** 動畫，設定 **效果** \ **上浮**、**動畫特效** \ **Ease out Expo**，選按 **添加**。於 **屬性欄** 窗格 ⚙ \ **動畫設置** 項目中即產生 **浮入** 動畫，核選 **瀏覽開始時播放動畫**。

03 另外於 **屬性欄** 窗格 ⚙ \ **功能設置** 項目中，核選 **瀏覽開始時隱藏**。

04 接著加入第二個動畫，在選取 **logo.png** 狀態下，於 **動畫** 索引標籤選按 **淡出** 動畫，設定 **持續時間：0.50 秒**、**延遲：0.50 秒**，選按 **添加**。

設定首頁動畫

01 於 **縮略圖** 窗格 \ **單元頁面** 節中選按第一個頁面，選取 **logo1.png** 標題圖片後，於 **動畫** 索引標籤選按 **淡入** 動畫，設定 **持續時間：0.50 秒** 後選按 **添加**，核選 **瀏覽開始時播放動畫** 與 **瀏覽開始時隱藏**。

02 接著在頁面選取 **box1.png** 底圖方塊，於 **動畫** 索引標籤選按 **擦除** 動畫，設定 **效果 \ 至底部**、**延遲：0.50 秒** 後選按 **添加**，核選 **瀏覽開始時播放動畫** 與 **瀏覽開始時隱藏**。

03 最後在頁面選取橫排文字框，於 **動畫** 索引標籤選按 **擦除** 動畫，設定 **效果 \ 至頂部**、**延遲：1.50 秒** 後選按 **添加**，一樣核選 **瀏覽開始時播放動畫** 與 **瀏覽開始時隱藏**。

8.3 公共頁面的使用

在作品中同一個單元常會使用到相同的背景、標題…等素材，此時可以應用公共頁面的功能，將共用元素放置在公共頁面中，再套用到指定頁面來簡化製作的流程。

插入多張圖片

01 於 **縮略圖** 窗格 \ **認識血斑天牛** 節中選按第 5 頁，於 **插入** 索引標籤選按 **多張圖片**，在對話方塊中按 `Ctrl` 鍵不放，選取本章範例原始檔中 5 張相關圖片，再按 **開啟** 鈕。

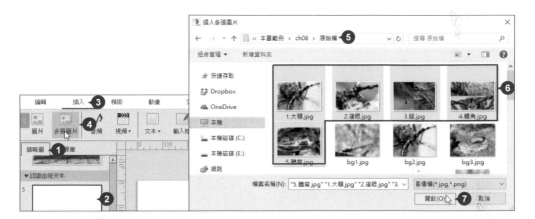

02 此時會自動新增 4 個頁面 (連同原先的頁面，共 5 個頁面)，一個頁面中放置一張圖片。

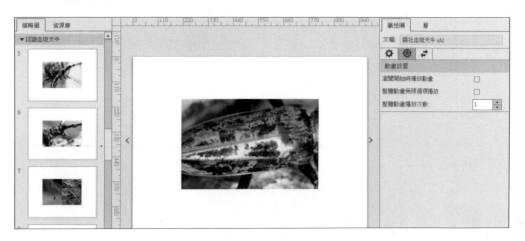

設置公共頁面

01 於 **縮略圖** 窗格 \ **公共頁面** 節中選按第 12 頁，於 **屬性欄** 窗格 ⚙ \ **功能設置** 項目中設定 **頁面類型：公共頁面**，接著按 **公共頁面設置** 鈕。

02 在對話方塊中選按 **所有節：認識血斑天牛**，按 **全選** 鈕將所有頁面加入 **已覆蓋頁** 之中，按 **確定** 鈕。

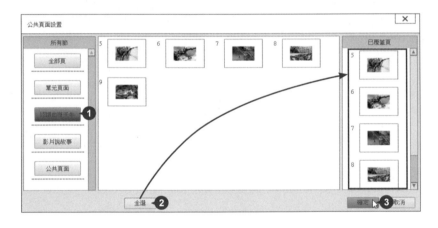

03 設定完公共頁面後，您會發現被套用的頁面並沒有什麼不同。於 **縮略圖** 窗格 \ **認識血斑天牛** 節中選按第 5 頁，在 **插入** 索引標籤選按 **預覽當前**，進行預覽的 動作。

04 在預覽畫面中可以成功看到套用公共頁面的結果，如下圖利用滑鼠左右拖曳切換頁面時，您會發現只有內容的部份會切換，公共頁面的內容不會變動。

插入橫排文本框

接著要在認識血斑天牛中的頁面加入圖片標題文字與說明文字，所有輸入的文字可以參考本章範例原始檔 <文字.txt>。

01 於 **縮略圖** 窗格 \ **認識血斑天牛** 節中選按第 5 個頁，在 **插入** 索引標籤選按 **文本 \ 橫排文本框** 插入橫排文本框。

02 在文字框輸入第一張圖片的標題文字 (大顎) 後，選取文字，於 **文本** 浮動工具列設定 **字型大小：24、字型顏色：FFFFFF、背景顏色：000000、背景透明度：60%、文本置中對齊**，利用文字框四周白色控點調整大小，並移動到如圖位置。

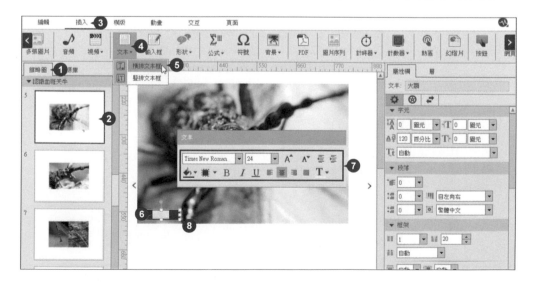

插入形狀氣泡

形狀氣泡就如漫畫中的對話框，這裡要將它加入到頁面做為說明文字。

01 繼續在目前的頁面中，於 **插入** 索引標籤選按 **形狀 \ 圖角矩形氣泡** 插入形狀氣泡。

02 在形狀氣泡中輸入第一張圖片的說明文字，選取文字後，於 **文本** 浮動工具列設定 **字型大小：24、字型顏色：000000、背景顏色：FFFF00、文本左對齊**，然後利用形狀氣泡四周白色控點調整大小，並移動到適合的位置後，再透過黃色控點將氣泡指標指向如圖位置。

03 按 **Ctrl** 鍵不放，選取圖片標題文字框及形狀氣泡說明文字，於 **編輯** 索引標籤選按 **複製**，然後到其他四個頁面上於 **編輯** 索引標籤選按 **黏貼**，再於本章範例原始檔 <文字.txt> 複製相關內容，進行調整即可完成。

8.4 加入並設定橫向滾動圖片模版

橫向滾動圖片模版能將選取的圖片，結合成為一個會自動橫向滾動的目錄，在設定連結之後，即可在點選後前往指定頁面。

插入並變更橫向滾動圖片模版

01 於 **縮略圖** 窗格 \ **單元頁面** 節中選按第 2 頁，在 **模版** 索引標籤中選按 **圖文** \ **橫向滾動圖片**。將插入的模版移到適當位置後，在 **屬性欄** 窗格 ⚙ \ **功能設置** 項目中，按 **模版設置** 鈕開啟對話方塊。

02 在 **模版設置** 對話方塊中選取第 1 張圖片右上角的 ⮃ **替換** 鈕，在對話方塊中選取本章範例原始檔中 <1.大顎.jpg> 圖片後，按 **開啟** 鈕即可完成替換。

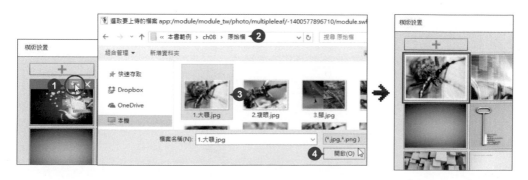

03 依照相同操作，分別將其他 4 張圖片替換為 <2.複眼.jpg> ~ <5.體背.jpg>，而其他不需要的圖片，請按圖片右上角的 ☒ **刪除** 鈕，然後按 **確定** 鈕。

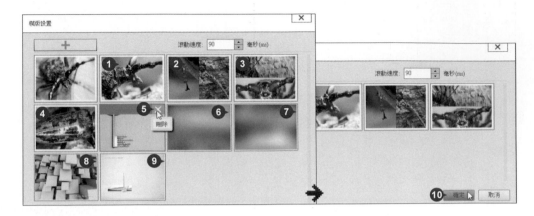

設定橫向滾動圖片與內容的交互連結

接著要設定選按滾動圖片中每張圖片連結到相關頁面的交互行為。

01 首先選取橫向滾動圖片，於 **交互** 索引標籤 **事件** 項目選按 **觸摸子項時**，清單中選按第 1 張圖片，**對象** 選按 **橫向滾動圖片**。

接著於 **動作** 項目選按 **跳轉**，於 **頁面跳轉** 對話方塊中先選按 **橫向節：認識血斑天牛** 鈕，將滑鼠指標移至第 1 張圖片右上角按 鈕，即產生於 **所選擇的頁** 項目中，然後按 **確定** 鈕即可完成第 1 張圖片的交互連結。

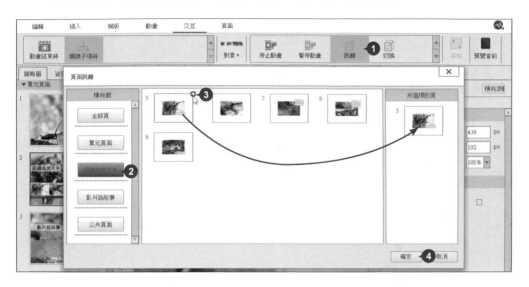

依照相同操作，完成橫向滾動圖片中其他 4 張圖片與頁面的連結。

8.5 插入並設定影片播放

在科展教案中，許多人都會應用影片來搭配內容的展示，於是在作品中插入影片及設定就十分重要。

插入圖片按鈕

01 於 **縮略圖** 窗格 \ **單元頁面** 節中選按第 3 頁，在 **插入** 索引標籤選按 **按鈕** 後，在對話方塊中開啟代表影片按鈕的本章範例原始檔 <movie1_1.png>。

02 將插入的圖片按鈕移動到適合的位置後，在 **屬性欄** 窗格 ⚙ \ **功能設置** 項目中按 **按下狀態** 旁的 **替換** 鈕開啟本章範例原始檔 <movie1_2.png>。

03 依照相同操作，加入代表第二則影片的圖片按鈕 <movie2_1.png>，並更換 **按下狀態** 的圖片檔 <movie2_2.png>。

設置公共頁面

01 於 **縮略圖** 窗格 \ **公共頁面** 節中選按第 13 頁，於 **屬性欄** 窗格 ✿ \ **功能設置** 項目中設定 **頁面類型：公共頁面**，接著按 **公共頁面設置** 鈕。

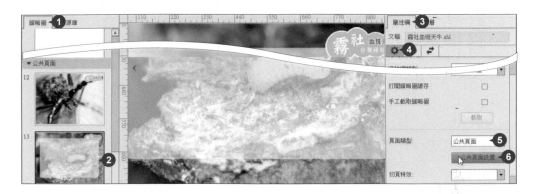

02 在對話方塊選按 **所有節：影片說故事**，按 **全選** 鈕將所有頁面加入 **已覆蓋頁** 項目中，按 **確定** 鈕即完成公共頁面的設定。

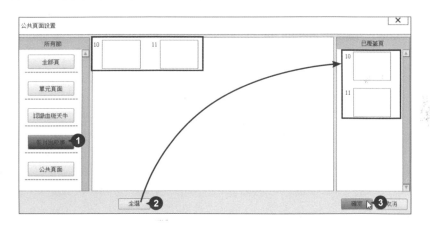

插入本機內的影片

01 於 **縮略圖** 窗格 \ **影片說故事** 節中選按第 10 頁，於 **插入** 索引標籤選按 **視頻 \ 本地視頻**，一開始會跳出提示訊息說明軟體支援的格式，按 **確定** 鈕。

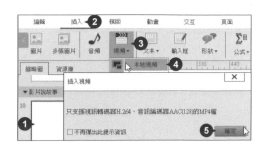

02 在對話方塊中開啟本章範例原始檔 <霧社血斑天牛爭鬥.mp4>，即可將影片插入到頁面中，請移動調整至合適位置。接著在 **屬性欄** 窗格 ✿ \ **功能設置** 項目中核選 **顯示預設控制欄**，按 **視頻封面** 旁的 **替換** 鈕，在對話方塊中開啟本章範例原始檔 <movie1_1.png>。

插入 YouTube 的影片

01 於 **縮略圖** 窗格 \ **影片說故事** 節中選按第 **11** 頁，於 **插入** 索引標籤選按 **視頻 \ YouTube 視頻**，這時會跳出 **插入 YouTube 視頻** 對話方塊，輸入或貼上 YouTube 影片連結後 (此範例影片連結為：https://youtu.be/0JG3vFhVYIA)，按 **確定** 鈕。

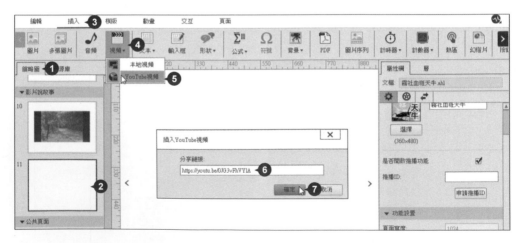

02 YouTube 影片會插入到頁面中，可利用四周白色控點調整大小，並拖曳到合適位置擺放。

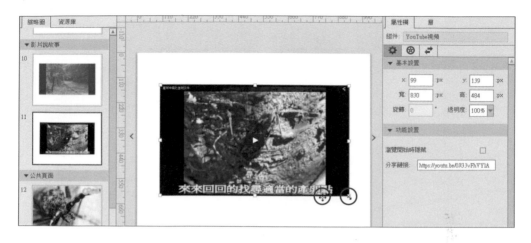

設置交互行為

01 接著要回到主頁，設定二個圖片按鈕與播放影片頁面的交互行為。於 **縮略圖窗格 \ 單元頁面** 節中選按第 3 頁，選取第一個按鈕後於 **交互** 索引標籤 **事件** 項目選按 **觸摸時**，**對象** 選擇該按鈕 (天牛的鬥爭)，**動作** 項目選按 **跳轉**。

02 於 **頁面跳轉** 對話方塊中選按 **橫向節：影片說故事**，將滑鼠指標移至第一個影片播放頁面右上角按 ➕ 鈕即產生於 **所選擇的頁** 項目中，按 **確定** 鈕完成設定。

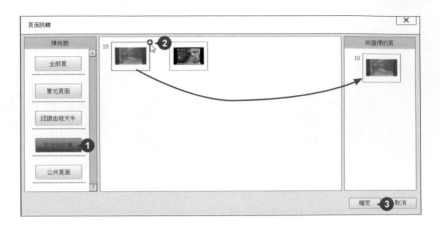

03 依照相同操作，於 **縮略圖** 窗格 \ **影片說故事** 節選按第 3 頁中的第二個按鈕 (產卵中的天牛)，加入觸摸時跳轉到第二個影片播放頁面的交互行為即可。

poin

Smart Apps Creator 支援的影片格式

在使用 **插入本地視頻** 功能時，畫面會顯示提示訊息，提醒 Smart Apps Creator 只支援採用視訊編碼 H.264，音訊編碼 AAC (128) 的 MP4 檔。目前大部份的智慧型手機進行錄影時多採用這個格式，其他大型的影音網站，如：YouTube 也是採用這個格式，在使用時要注意。

8.6 子頁的設定

一般單元的區隔大多使用節的方式，頁面的切換方向大多是左右。子頁就是在主頁上指定其他相關的子頁，子頁的切換方向會以上下的方式來移動。

設定子頁功能

範例中希望將 **認識血斑天牛** 節中所有頁面設定為 **單元頁面** 節第 2 頁的子頁，**影片說故事** 節中的所有頁面設定為 **單元頁面** 節第 3 頁的子頁，首先要啟動子頁功能。

01 於 **縮略圖** 窗格 \ **單元頁面** 節中選按第 2 個頁，在 **頁面** 索引標籤中選按 **滑動翻頁** 切換方式才會有子頁功能，最後按 **子頁設置** 開啟對話方塊。

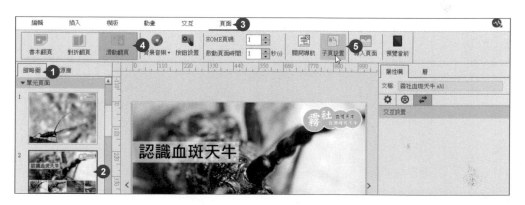

02 於 **子頁設置** 對話方塊中選按 **橫向節：認識血斑天牛**，使用滑鼠指標移至每個頁面右上角按 ➕ 鈕全部加入即產生於 **已添加的子頁** 項目中，按 **確定** 鈕即完成子頁設定。

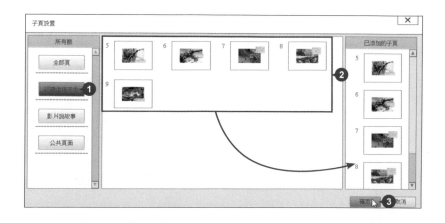

03 依照相同操作，於 **縮略圖** 窗格 \ **單元頁面** 節中選按第 3 頁，在 **頁面** 索引標籤中按 **子頁設置** 開啟對話方塊。選按 **橫向節：影片說故事**，使用滑鼠指標移至每個頁面右上角按 ➕ 鈕全部加入即產生於 **已添加的子頁** 項目中，按 **確定** 鈕即完成子頁設定。

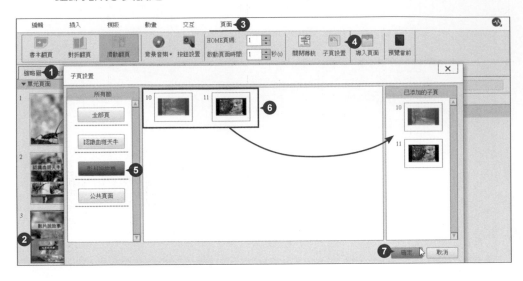

測試子頁功能

設定完子頁面後馬上來測試結果，於 **縮略圖** 窗格 \ **單元頁面** 節中選按第 2 或第 3 頁，選按 **預覽當前** 進行預覽，若想在 **認識血斑天牛** 節中要切換頁面時，則可以使用滑鼠指標上下滑動的方式切換到子頁內容。

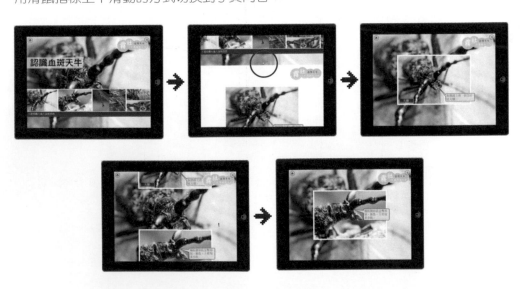

8.7 加入並設定連線題模版

許多教案的設計，都會在課程後放置適當的測驗，讓學生能在吸收知識後審視自己的學習成果。這裡將利用連線題模版的功能，快速加入有趣並充滿互動效果的頁面。

加入連線題模版

01 於 **縮略圖** 窗格 \ **單元頁面** 節中選按第 4 頁，在 **模版** 索引標籤中選按 **文字** \ **連線題(橫)** 插入模版。

02 利用四周白色控點調整插入的模版大小，並移到適當位置後，於 **屬性欄** 窗格 ✿ \ **功能設置** 項目中，按 **模版設置** 鈕開啟對話方塊。

設定連線題模版

01 對話方塊中上下區域功能不同：上方區域是正確答案的對應畫面，而下方區域是調動後題目顯示畫面。按上方區域第一張圖片右下角的 ◢ 鈕，在對話方塊開啟本章範例原始檔 <1.大顎.jpg>，此時上下區域的第一張圖片同時都更換了。

02 依照相同操作，替換上方區域的其他三張題目圖片後，選按左側的 **+** 鈕新增另外一個選項並替換圖片。接著於上方區域將下方的五張預設圖片替換為本章範例原始檔 <word_s1.png>~<word_s5.png> 答案圖片。

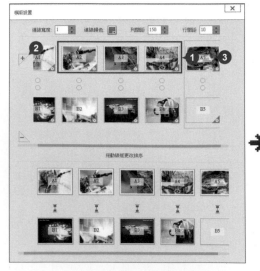
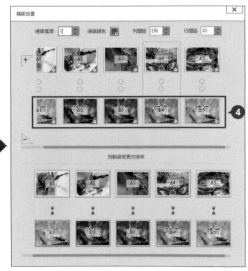

接著要打亂題目與答案的圖片配對，到下方區域拖曳題目或答案的圖片到別的選項中，二個內容即會交換，一直到打亂為此。請參考右下圖更改圖片的排序狀態，並設定連線的寬度、顏色與行列間距，按 **確定** 鈕。

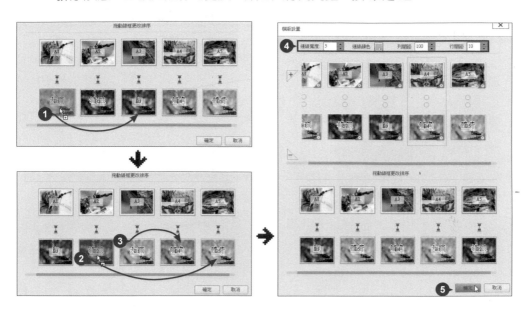

設定答題完成後的交互行為

 選取連線題模版後於 **交互** 索引標籤 **事件** 項目選按 **全部配對成功時**，**對象** 選擇連線題模版，**動作** 項目選按 **跳轉**，於 **頁面跳轉** 對話方塊中選按 **橫向節：單元頁面**，將滑鼠指標移至第1頁右上角按 ⊕ 鈕即產生於 **所選擇的頁** 項目中，按 **確定** 鈕。

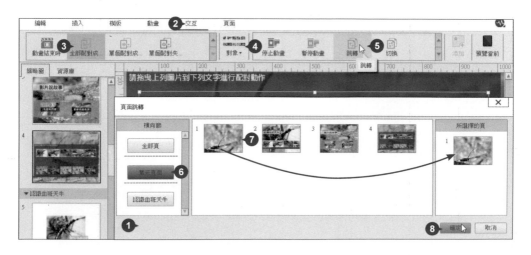

02 設定完交互行為後馬上來測試結果，於 **縮略圖** 窗格 \ **單元頁面** 節中選按第 4 頁，選按 **預覽當前** 進行預覽，當您拖曳上方圖示到正確的名稱時，二圖之間會出現連線，若是不正確圖示會搖晃並取消連線。當所有的題目都完成正確連線，即會自動跳轉返回首頁。

8.8 加入各頁導覽按鈕

當作品中頁面一多，如何快速前往想去的頁面，或是返回剛才瀏覽的畫面就是相當重要的。在這個範例中將在每個頁面中加入導覽按鈕，優化使用流程。

插入圖片按鈕

01 於 **縮略圖** 窗格 \ **單元頁面** 節中選按第 1 頁，在 **插入** 索引標籤按 **按鈕**，在對話方塊開啟本章範例原始檔 <item1_s2.png> 產生第二單元的圖片按鈕。

02 將插入的圖片按鈕移動到合適的位置後，於 **屬性欄** 窗格 ✿ \ **功能設置** 項目中按 **按下狀態** 旁的 **替換** 鈕，在對話方塊開啟本章範例原始檔 <item1.png>。

03 依照相同操作，分別加入第三個單元與第四個單元的按鈕，並與第一個按鈕放置在對應位置。

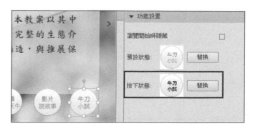

設定按鈕的交互行為並複製按鈕

01 選取第一個按鈕後於 **交互** 索引標籤 **事件** 項目選按 **觸摸時**，**對象** 選擇選取的按鈕 (認識血斑天牛)，**動作** 項目選按 **跳轉**，於 **頁面跳轉** 對話方塊中選按 **橫向節：單元頁面**，將滑鼠指標移至第 2 頁右上角按 ➕ 鈕即產生於 **所選擇的頁** 項目中，再按 **確定** 鈕。

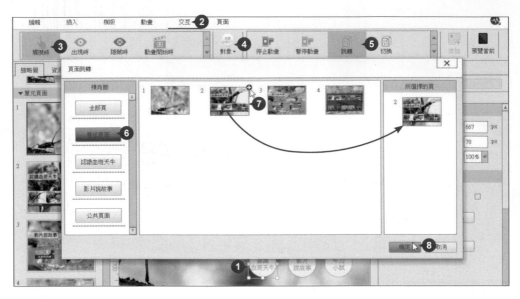

02 依照相同操作，選取第二個及第三個按鈕，設定觸摸後頁面跳轉到第 3 頁與第 4 頁的交互行為，即完成這三個按鈕的設定。

03 按 Ctrl 鍵不放選取三個按鈕，於 **編輯** 索引標籤選按 **複製**，接著分別到第 2 頁、第 3 頁、第 4 頁，於 **編輯** 索引標籤選按 **黏貼** 完成貼上的動作。

▲ 單元頁面＼第二頁

▲ 單元頁面＼第三頁

▲ 單元頁面＼第四頁

04 於 **縮略圖** 窗格 \ **認識血斑天牛** 節中選按第 5 頁，再於 **插入** 索引標籤選按 **按鈕**，在對話方塊開啟本章範例原始檔 <prev_s2.png>。接著將插入的圖片按鈕移動到合適的位置後，在 **屬性欄** 窗格 ⚙ \ **功能設置** 項目中按 **按下狀態** 旁的 **替換** 鈕，在對話方塊開啟本章範例原始檔 <prev.png>。

05 選取按鈕後於 **交互** 索引標籤 **事件** 項目選按 **觸摸時**，**對象** 選擇選取的按鈕，**動作** 項目選按 **跳轉**，於 **頁面跳轉** 對話方塊中選按 **橫向節：單元頁面**，將滑鼠指標移至第 2 頁右上角按 ➕ 鈕即產生於 **所選擇的頁** 項目中，按 **確定** 鈕。

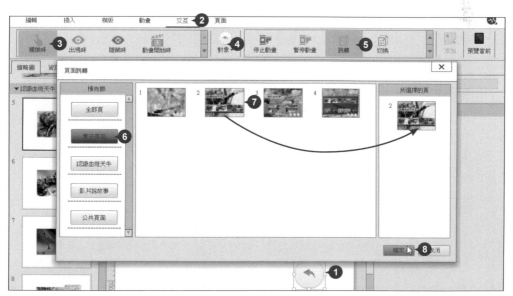

06 選取按鈕，於 **編輯** 索引標籤選按 **複製**，接著分別到 **認識血斑天牛** 節的其他頁面，於 **編輯** 索引標籤選按 **黏貼** 完成貼上的動作。

07 於 **縮略圖** 窗格 \ **影片說故事** 節中選按第 10 頁，依照相同操作加入一個返回鈕。選取按鈕後於 **交互** 索引標籤 **事件** 項目選按 **觸摸時**，**對象** 選擇選取的按鈕，**動作** 項目選按 **跳轉**，於 **頁面跳轉** 對話方塊中選按 **橫向節：單元頁面**，將滑鼠指標移至第 3 頁右上角按 ➕ 鈕即產生於 **所選擇的頁** 項目中，再按 **確定** 鈕。

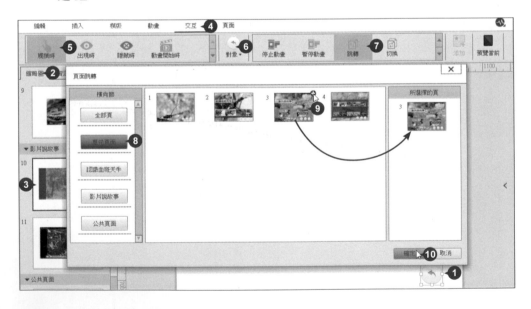

08 選取按鈕，於 **編輯** 索引標籤選按 **複製**，接著分別到 **影片說故事** 節的第11頁，於 **編輯** 索引標籤選按 **黏貼** 完成貼上的動作，也完成整個範例的製作。

隨堂練習

選擇題

1. (　) 當多個頁都使用到相同的背景、標題...等素材,可以在頁面上設定何種功能來統一頁面風格並簡化製作的流程?
   (A) 插入多張圖片　(B) 複製頁面　(C) 公共頁面　(D) 模版設置

2. (　) 能將多張圖片結合成一個會自動橫向滾動目錄的是何種模版?
   (A) 圖片橫滑切換　(B) 橫向滾動圖片
   (C) 多列目錄滑動　(D) 有聲圖片縮放

3. (　) 在插入本地視頻功能時,必須使用何種格式的檔案?
   (A) MP4　(B) AVI　(C) MOV　(D) WMV

4. (　) 若要使用子頁功能,必須把頁面的切換方式設定為何種方式?
   (A) 書本翻頁　(B) 對折翻頁　(C) 滑動翻頁　(D) 上下翻頁

5. (　) 在連線題 **模版設置** 對話方塊中,上方區域的功能是?
   (A) 所有圖片列表　(B) 正確答案對應畫面
   (C) 調動題目畫面　(D) 亂數出題畫面

實作題

請依下述提示完成作品:"水色。威尼斯"。

1. 設定 **單元頁面** 節第 1 頁中的按鈕分別前往 **相片** 節第 3 頁與 **單元頁面** 節的第 2 頁。

2. 在 **相片** 節的第一頁插入 <photo> 資料夾的多張圖片,並以 **公共頁面** 節第一頁為公共頁面,套用到本節所有頁面。最後設定本節所有頁面為 **單元頁面** 節第 1 頁的子頁。

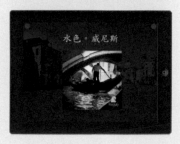

3. 在 **單元頁面** 節第 2 頁插入 <movie.mp4>,並設定瀏覽開始就自動播放,播放完畢後回到第 1 頁。設定影片封面為 <photo / 01.jpg>。

9

Chapter

學習主題

資料應用 App
來去農村住一晚

學習重點

插入資料列表・匯入開放資料
資料跨域轉換・設計資料欄位
生成及上傳 HTML 5 文件・
App 訊息推播服務

9.1 專案發想與規劃

利用 Smart Apps Creator 設計一份 HTML 5 專題，再將它上傳至免費網站空間與朋友分享，也可以為您的 App 設定推播訊息。

HTML 5 是目前最新的網頁技術，它整合了 HTML、CSS、JavaScript 三個部分，對於許多不熟悉網頁語言的使用者來說，它似乎是個很艱難的學習課程，但如今您可利用 Smart Apps Creator 來製作編輯 HTML 5 專題，不用學習艱難的網頁語言，輕輕鬆鬆就完成一個專題製作。

這個範例將以政府資料開放平臺為製作主題，從一開始插入資料列表並匯入開放資料，到完成後面的 HTML 5 文件生成及上傳至網路空間、訊息推播的運用，讓使用者能輕鬆架起屬於個人的 HTML 5 站台。以下即是這個範例的製作流程：

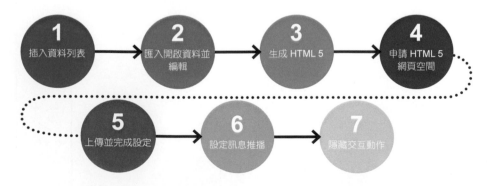

9.2 插入資料列表

在匯入政府開放平台的資料前，首先要先插入一個 **資料列表**，這樣才可以將需要的開放資料匯入後再編輯。

一開始我們要先於設計好的頁面中插入 **資料列表** 物件。

01 開啟軟體後於左上角選按 **Smart \ 打開**，在對話方塊中開啟本章範例原始檔 <來去農村住一晚.ahl>。

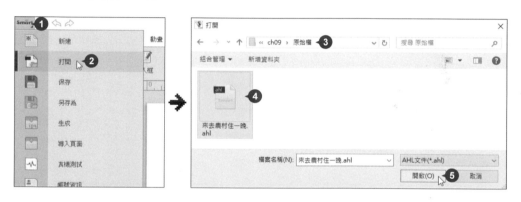

02 在 **縮略圖** 窗格選按第 1 頁，於 **插入** 索引標籤選按 **資料列表**，隨即產生一個資料列表物件，將滑鼠指標移到上方呈 ✣ 狀，按滑鼠左鍵不放拖曳至合適位置，再於 **屬性欄** 窗格 ⚙ \ **基本設置** 項目中設定 **寬**、**高**，微調至如下圖的大小。

9.3 匯入開啟資料並編輯

先註冊取得會員帳號可以使用跨域轉換的服務完成資料列表的插入，然後在政府開放平台搜尋並找到需求的資料連結，並開始進行資料的匯入及完成編輯。

註冊會員帳號取得服務

01 開啟瀏覽器於網址列輸入「http://service.smartappscreator.com/index.php?m=Wapps&a=indexapp」連結至愛普秀官網，於上方先選按 **會員註冊**。(官方建議使用 Google Chrome 瀏覽器，可以得到最佳瀏覽效果。)

02 在 **會員註冊** 的頁面中，請詳細填寫個人的資料，完成後核選 **我已閱讀並同意會員條款**，於下方按 **送出申請** 鈕。

03 請登入剛才輸入的電子郵件信箱收取信件，開啟後按一下 **點我啟動並登入** 完成會員啟動手續。

04 操作成功後即會自動連結至官網，您可以等秒數結束後自動轉址，或是按一下 **點我繼續** 手動連結，即完成登入動作。

▲ 初次完成會員註冊後，官方會贈送 50 枚 ● 幣，使用 ● 幣可以使用愛普秀所提供的一些服務。

資料連結跨域轉換

01 開啟本章範例原始檔 <開放資料網址.txt>，選取所有文字後，按一下滑鼠右鍵選按 **複製**。

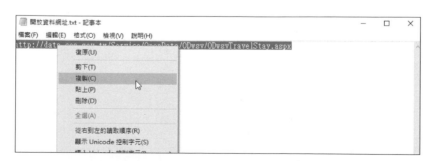

回到瀏覽器愛普秀官網首頁，於 **JSON 轉換** 索引標籤選按 **JSON 跨域轉換**。

 在 **JSON 跨域轉換** 頁面，首先將剛剛複製的開放資料網址貼入 **請輸入資料來源 JSON 的 URL** 欄位，先按 **確定** 鈕，接著下方欄位就會出現完成轉換的 URL 位址，再按 **複製** 鈕即可。

JSON 跨域轉換

使用資料列表功能時，因輸出 HTML5 存放的網站與資料來源的網站不同，有可能會造成跨域問題，所以在匯入公開資料前，必需先利用官網的轉換功能來讓資料可以正確的顯示，需注意的是，複製的網址必須包含完整的 http:// 或是 https://。

如何取得政府公開資料連結

目前網路上有許多政府公開資料平台服務，您可以先上網搜尋找到您需要的資料平台，例如：本範例是利用 "行政院農業委員資料開放平台 (http://data.coa.gov.tw/)" 中所提供的資料來製作本專題，詳細操作可參考以下說明：

1. 開啟瀏覽器並在網址列輸入「http://data.coa.gov.tw/」，按 **Enter** 鍵。

2. 於左側 **資料查詢** 中選按 **資料分類** 清單鈕，在清單中選擇 **農業旅遊**，於下方核選 **資料格式：JSON**，再按 **查詢** 鈕，接著於搜尋結果中選按您要的資料連結。(目前 Smart Apps Creator 軟體的資料列表只支援 JSON 資料的匯入)

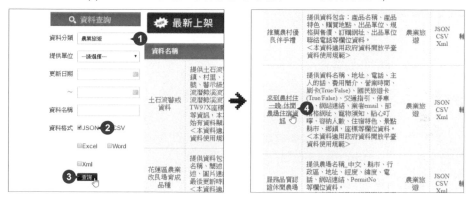

3. 最後於該資訊頁面中 **資料介接** 右側的連結上按一下滑鼠右鍵選按 **複製連結網址**，如此一來即可將該筆 JSON 資料匯入資料列表中。

匯入開放資料連結

01 回到 Smart Apps Creator 軟體中，選取資料列表物件，於 **屬性欄** 窗格 ⚙ \
功能設置 項目中選按 **鏈接伺服器** 鈕開啟對話方塊，於 **Request** 右側欄位將
剛剛複製的連結貼上，確認傳送方式為 **GET**，再按 **確定** 鈕。

02 選取資料列表物件，於 **屬性欄** 窗格 ⚙ \ **屬性關聯** 項目中選按 **Image View** 清
單鈕，即可於清單中看到此筆資料來源有多少資料可以運用，在此範例中我
們將利用資料來源中的 **HostWords** (簡介)、**Photo** (相片)、**Name** (名稱)、
Tel (電話)、**OpenHours** (開放時間)、**Address** (地址) 這些資料來設計欄位。

設計資料欄位

有了資料來源後，首先先瞭解有多少資料可供使用，接著即可於 **子項設置** 中來設計所需要的欄位。

 選取資料列表物件，於 **屬性欄** 窗格 ⚙ \ **功能設置** 項目中選按 **子項設置** 鈕開啟對話方塊。

開始設計前，先簡單瞭解一下操作界面：

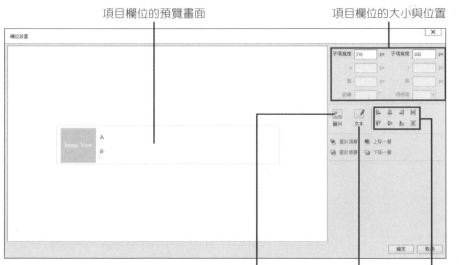

項目欄位的預覽畫面　　　　　　　　　　　項目欄位的大小與位置

新增圖片欄位　　新增文字欄位　　項目欄位的對齊

02 首先設定 **子項寬度：510**、**子項高度：230**，即可於預覽畫面看到變化。

03 選按 **文本** 三次新增三個文本欄位，並先隨意擺放至任意處避免欄位重疊。

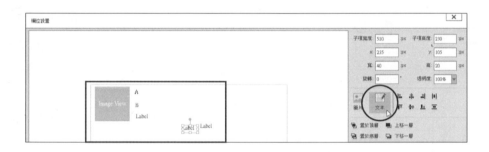

04 拖曳 **Image View** 四周白色控點調整至合適大小，並擺放至如圖位置，於右側重新命名 **名稱：Photo**。

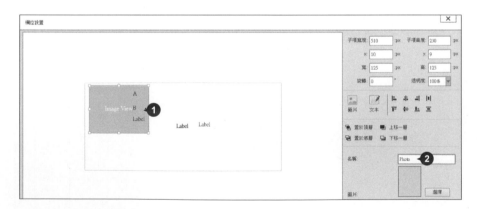

05 選取任一 **文本** 欄位，縮放調整大小並擺放至合適位置，接著於右側設定 **名稱：Name**、文本：**農場名稱**、字型顏色：**FF6600**、字型大小：**22**。

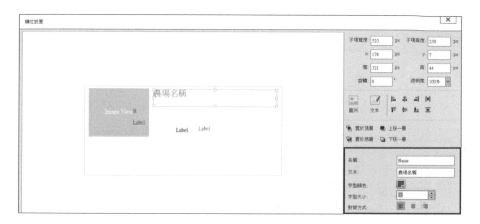

06 依照相同操作方式，參考下表將其他的 **文本** 欄位完成設定：

名稱	文本	字型顏色	字型大小
Add	地址	預設 (黑)	預設 (14)
Tel	電話	預設 (黑)	預設 (14)
Time	開放時間	預設 (黑)	預設 (14)
word	簡介	預設 (黑)	預設 (14)

07 最後將所有 **文本** 欄位如圖擺放至合適的位置，並縮放至合適的大小，按 **確定** 鈕。(可以利用右側的對齊工具將 **文本** 欄位擺放整齊)

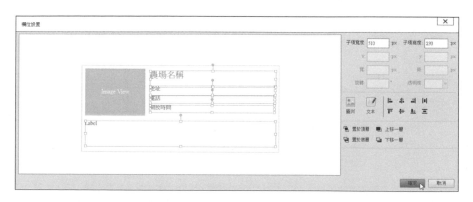

08 選取資料列表物件，於 **屬性欄** 窗格 ⚙ \ **屬性關聯** 項目選按 **Photo** 清單鈕，在清單中選按對應的資料來源 **Photo**，即可在資料列表中看到圖片資料已出現。

09 依照相同操作方式，分別將 **文本** 欄位 **Name**、**Add**、**Tel**、**Time**、**Word** 對應至正確的資料來源，這樣即完成資料列表的設計。

9.4 生成 HTML 5 文件

完成專題製作後，就可以準備將它轉換成 HTML 5 文件，只要利用 Smart Apps Creator 內建的 **生成** 功能，即可快速完成這項工作。

01 於軟體左上角選按 **Smart \ 生成** 開啟對話方塊，選取 **HTML 5 檔 \ 生成 Html5 檔** 項目後，選擇輸出為 **導出 Zip 檔線上瀏覽**，按 **確定** 鈕。

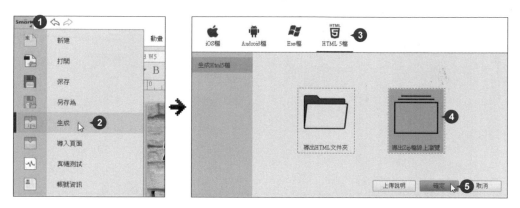

02 開啟 **儲存** 對話方塊，選擇存檔位置並設定檔案名稱，最後按 **存檔** 鈕即可進行輸出，並完成生成動作。(zip 檔命名時需為英、數文字，不可有空格。)

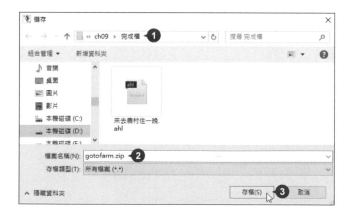

9.5 申請 HTML 5 網站空間

Smart Apps Creator 提供了一組免費的 HTML 5 空間的申請，只要連結至官方網站並註冊一組帳號，即可獲得一些免費的服務。

01 於軟體左上角選按 **Smart \ 生成** 開啟對話方塊，選取 **HTML 5 檔 \ 導出 Html5 檔** 項目後，選按 **上傳說明** 鈕。

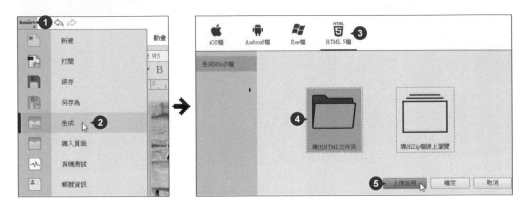

02 接著會開啟瀏覽器並切換至官網的操作說明頁面，於 **H5 空間服務** 索引標籤選按 **新增空間**，即會進入設定頁面。(若需登入帳號，請先完成登入後再進行操作，目前官方免費提供一組免費 HTML 5 空間，有限期限為三個月。)

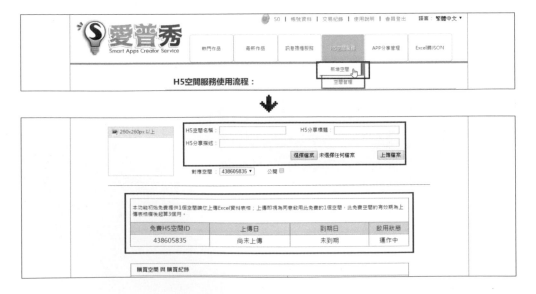

9.6 上傳 HTML 5 檔案

申請空間完成後，就可以將製作完成的檔案上傳至 H5 空間服務，這樣即可將您製作好的作品與朋友分享。

 登入帳號後，輸入各項設定，接著選按 **選擇檔案** 鈕，在對話方塊中開啟剛剛生成的 HTML 5 檔案 <gotofarm.zip>，按 **開啟** 鈕。

H5 空間名稱：可輸入自己的 App 名稱。
H5 分享標題：在分享 H5 微網頁到 Facebook 或是 Line 時會出現的標題文字。
H5 分享描述：在分享 H5 微網頁到 Facebook 或是 Line 時會出現的描述文字。

 接著選按 **上傳檔案** 鈕，等上傳完成後，出現提示對話方塊按 **確定** 鈕即完成。

03 最後，可以選按網址下方的社群圖示來分享所製作完成的專題，另外也需要注意 **到期日**，日期一到上傳的資料即會清空，如果想繼續續用就必須再上傳一次，或是直接購買新空間永續使用。

point

購買 HTML 5 空間

如果您所製作的專題想永續經營的話，可以使用 🪙 幣購買空間，只要於 **新增空間** 的頁面下方選按 **購買新空間** 鈕，確認您有足夠的 🪙 幣後，再按 **確定** 鈕即可完成購買。

9.7 管理 HTML 5 空間

如果想更新之前上傳的 HTML 5 的檔案，就必須先刪除之前的舊檔案，才能將已新生成的的檔案重新上傳至 H5 空間服務。

01 登入帳號後，於 **H5 空間服務** 索引標籤選按 **空間管理**。

02 在管理頁面中，核選要刪除的 **H5 空間 ID**，再按 **Delete** 鈕，即可將空間裡的檔案刪除，再依前一個步驟的操作即可重新上傳新的 HTML 5 檔案。

9.8 訊息推播服務

當您完成 App 的製作並進行使用後，可以利用訊息推播來幫助您經營 App，只要運用得當，對於 App 的使用率會有非常顯著的效果。

取得 App ID

在設定推播前，需先到官網取得 App ID 後，才可以進行訊息推播的設定。

01 回到軟體中，於 **屬性欄** 窗格 ⚙ \
基本設置 項目中核選 **是否開啟推播功能**，再按 **申請推播 ID** 鈕。

02 接著會開啟瀏覽器連結至官網 (若需要登入，再次輸入信箱與密碼)，於 **取得 App ID** 索引標籤 \ **App 名稱** 右側欄位輸入您的 App 名稱，按一下 **取得 App ID** 鈕，即可得到一組 App ID 號碼，選取後按 Ctrl + C 鈕複製起來，再按 **下一步** 鈕。(瀏覽器暫時先不要關閉)

03 回到軟體中，於 **屬性欄** 窗格 ⚙ \
基本設置 項目中 **推播 ID** 將剛剛
複製的 App ID 貼入，最後即可將
專題生成並上架提供安裝。

發送推播訊息

 01 回到瀏覽器視窗，於 **推播標題** 及 **推播內容** 欄位中輸入您要推播的文字內
容，按 **下一步** 鈕，確認推播內容無誤後，核選您要推播的 **App ID**，再按 **提
交表單** 鈕即可。

02 出現提示訊息，按 **確定** 鈕即可完成推播訊息的設定了。(發送每則推播訊息需花費 10 枚 幣，如帳戶內沒有 幣時就無法發送推播訊息。)

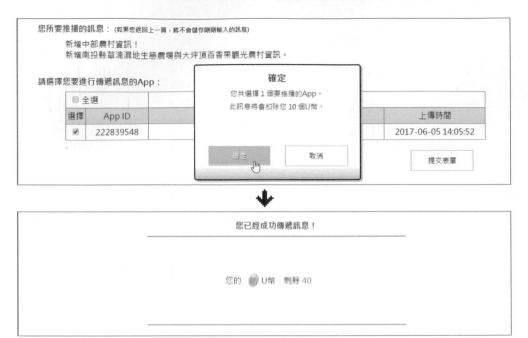

03 當使用者於行動裝置開啟您製作的 App 後，即可在上方收到推播訊息。

point

沒有收到推播訊息？

目前官網所設定的推播訊息，必須在 App 開啟後才能接收通知，如果使用者長時間都未開啟 App 執行，那日後當開啟執行後，這段時間內尚未接收的通知就會輪流播放至最近的一則。

發送多則推播訊息

當製作了數個 App 後，想同時在這些 App 中同時發送同一則推播訊息時，可參考以下操作說明：

01 開啟瀏覽器並連結至官網「http://service.smartappscreator.com」，於 **訊息推播服務** 索引標籤選按 **新增訊息**，接著於 **推播標題** 及 **推播內容** 欄位中輸入要推播的文字內容，按 **下一步** 鈕。

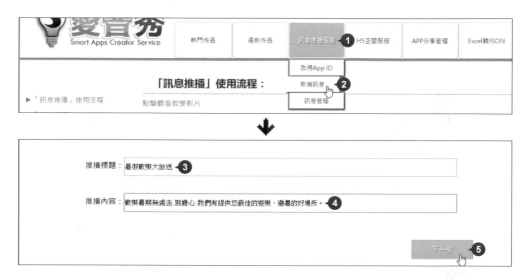

02 確認推播訊息無誤後，核選要同時推播訊息的 App ID，按 **提交表單** 鈕，於提示對話方塊中選按 **確定** 鈕，即可同時發送相同推播訊息給數個 App。

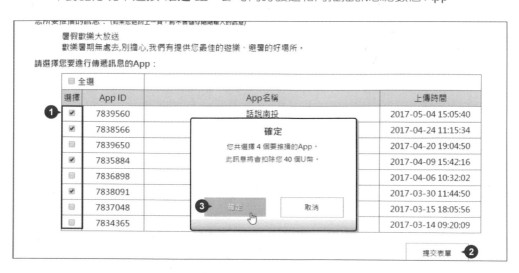

選擇題

1. (　) 如果要使用開放平台的資料來製作專題，需選按何者功能？
　　　A. 於 插入 索引標籤選按 **PDF**　　B. 於 插入 索引標籤選按 **資料列表**
　　　C. 於 插入 索引標籤選按 **HTML**　D. 於 插入 索引標籤選按 **網頁**

2. (　) 目前 資料列表 只支援下列何者資料格式的匯入？
　　　A. JSON　　B. CSV　　C. Excel　　D. Xml

3. (　) 在 屬性欄 窗格中，選按何項功能就可以編輯資料列表？
　　　A. 功能設置 \ 背景顏色　　　　B. 功能設置 \ 子項設置
　　　C. 功能設置 \ 鏈接伺服器　　　D. 屬性關聯 \ 鏈值

4. (　) 如果要上傳 HTML 5 至網站空間，需生成為下列何者檔案格式？
　　　A. 導出 HTML 文件夾　　　　B. 模擬器樣式
　　　C. 導出 Zip 檔線上瀏覽　　　D. 桌面窗體樣式

5. (　) 在使用推播訊息前，必須先於官網取得下列何者？
　　　A. Apple ID　　B. App ID　　C. Andriod ID　　D. iOS ID

實作題

請依下述提示完成作品："趣農村"。

1. 於 插入 索引標籤插入一個 資料列表，調整大小及擺放位置。

2. 開啟 <農村優良伴手禮.txt> 複製所有文字，跨域轉換後再將它貼進資料列表的 鏈接伺服器 中。

3. 進入 子項設置 項目，先新增二個 文本 欄位，再調整所有 文本 欄位的大小與位置，然後重新命名為「Name、產品名」、「Add、地址」、「Tel、電話」、「Info、簡介」，按 確定 鈕完成。

4. 於 屬性欄 窗格 ⚙ \ 屬性關聯 中，選按各項目的清單鈕並對應至正確的資料來源。

會做簡報就會製作跨平台 App--
Smart Apps Creator 3 超神開發術

作　　　者：文淵閣工作室 編著　鄧文淵 總監製
企劃編輯：王建賀
文字編輯：王雅雯
設計裝幀：張寶莉
發 行 人：廖文良

發 行 所：碁峰資訊股份有限公司
地　　　址：台北市南港區三重路 66 號 7 樓之 6
電　　　話：(02)2788-2408
傳　　　真：(02)8192-4433
網　　　站：www.gotop.com.tw
書　　　號：ACL051100
版　　　次：2017 年 07 月初版
　　　　　　2024 年 08 月初版十一刷
建議售價：NT$420

國家圖書館出版品預行編目資料

會做簡報就會製作跨平台 App：Smart Apps Creator 3 超神開發術
　/ 文淵閣工作室編著. -- 初版. -- 臺北市：碁峰資訊, 2017.07
　　面；　公分
　ISBN 978-986-476-525-6(平裝)
　1.多媒體　2.數位影音處理
312.8　　　　　　　　　　　　　　　　　106011742